KB138320

식사혁명

'노블 다이어트'로 건강한 세상을 만드는 법

더 나은 밥상, 세상을 바꾸다

식사혁명

남기선 지음

MID

한국인은 어디서 왔으며, 누구이며,

또 어디로 가는가를 연구하는 사람들에게 이 책을 바칩니다.

프롤로그

오늘도 밥을 먹었습니다. 직업상, 밥상에 오른 음식의 영양가가 떠오를 때도 있지만, 그보다는 습관적으로 먹을 때가 많습니다. 배가 고파서, 또는 '맛'이 주는 즐거움에 이끌려 무의식적으로 음식을 입에 넣곤 합니다. 세상에 먹지 않고 살 수 있는 사람은 없습니다만, 무엇을 먹을지, 어떻게 먹어야 할지를 생각하며 먹는 사람은 그리 많지 않아 보입니다.

음식의 본질은 혀를 만족시키는 데 있지 않습니다. 생명 유지에 필요한 영양분을 채워주고 건강을 지켜주는 것이 맛보다 더 중요한 음식의 가치입니다. 그런데 언젠가부터 음식이라고 하면 맛만을 떠올리는 세상이 되었습니다. 방송 프로그램에는 이른바 먹방, 쿡방, 미식여행, 맛 탐방기 등 음식에 대한 콘텐츠가 넘쳐납니다. '맛집'을 찾아 먼 길도 마다않고 달려가고, 소문난 식당은 몇 시간씩 기다리는 사람들로 문전성시를 이룹니다. 음식점에서 인증샷을 찍는 것이 더 이상 낯설지 않고, 먹는 모습을 보여주는 것만으로도 돈을 벌 수 있는 세상이 되었습니다.

그러나 오랫동안 영양학을 공부해 온 저로서는 그런

문화가 마음의 불편함을 넘어서 걱정이 됩니다. 그 '업'을 맡은 사람들의 건강이 걱정스럽고, 무엇이든 쉽게 받아들이는 아이들에게 이러한 문화가 여과 없이 전염될까 봐 심히 우려가 됩니다. 맛있는 음식을 추구하는 것 자체를 탓하는 것은 아닙니다. 그러나 음식이 넘쳐나는 요즘, 사람이 음식을 먹는 것이 아니라, 맛이라는 무기를 앞세운 음식이 '좀비'처럼 거꾸로 사람을 먹어버리는 것은 아닐까 하는 무서운 상상이 들곤 합니다.

불과 한 세대 전만 해도 대부분의 사람들이 충분히 먹지 못했고 영양실조도 만연했습니다. 사실 태초 이래 우리 인간이 지금처럼 포식했던 적이 없습니다. 그래서 우리의 몸은 부족할 때를 대비하여 적응하도록 진화되어 왔습니다. 오랜 시간 굶주렸기에 배불리 먹고자 하는 강렬한 욕망이 인간의 뇌에 각인되었을 것입니다. 단백질을 비롯하여 영양소가 풍부하고 소화, 흡수가 잘 되는 식품이 찬사를 받게 되었습니다. 푸짐히 차려진 밥상, 두둑한 뱃살이 '부'의 표징이 되었지요. 맛있게 먹는 모습은 '복스럽다'는 평과 함께 보는 이의 마음을 흡족하게 합니다. 대리 만족이라고나 할까요. '자식 입에 음식 들어가는 것만 보아도 행복하다'는 말 역시 여전히 유효합니다. '잘 먹는 것'은 그만큼 중요하기 때문입니다.

그런데 어느새 일 년에 한두 차례 먹었던 고열량, 고단백, 고지방의 보양식이 일상식이 되었고, 매일의 밥상은

잔칫상이 되었습니다. 공복감과 포만감을 느끼며 섭식을 조절할 수 있었던 인간의 섭식 조절 장치는 산해진미로 풍성해진 식탁 앞에서 그 기능을 상실하기 십상입니다. 그러나 음식을 너무 많이 먹거나 제대로 먹지 않으면 질병에 쉽게 걸리게 되고, 신체적인 노화 또한 빨라진다는 것은 과학적으로 밝혀진 사실입니다.

또 우리의 유전자가 아직 잉여의 영양분을 처리하기 위한 합리적인 방법을 찾아내지 못했기에, 사람들의 관심이 '다이어트'로 향하기도 합니다. 건강을 위해서든, 외모를 위해서든 다이어트가 사람들의 꾸준한 관심사가 되어 온 것은 그만큼 성공하기가 어려워서였을 것입니다.

밥상에서 습관을 바꾼다는 것은 가히 '혁명적인' 일일 것입니다. 식습관은 인간의 습관 가운데 가장 바꾸기 힘든 것 중 하나이기 때문입니다. 뼛속까지 인이 박인 듯한 육식의 습관, 맛에 끌려서 빠져나오기 어려운 과식이나 폭식의 습관을 바꾼다는 것은 혁명에 가깝습니다. 혁명은 이전의 관습이나 방식을 깨고 질적으로 새롭게 만드는 것입니다. 강한 의지나 노력 없이는 가능하지 않습니다. 그래서 인간만이 할 수 있는 것이기도 합니다.

『식사 혁명』의 관심 주체는 인간입니다. 인간이기에, 인간만이 할 수 있는 식생활에 관한 이야기를 하려 합니다. 허기를 채우기 위하거나 입맛에 맞는 음식만이 아니라, '내가 먹어 곧 나를 만드는 음식'에 관해 진지하게 생각해 보고, 음식이 되어 주는 대상, 음식이 되어 오는 길, 음식을 나누는 세상에 대한 태도를 함께 들여다 보고자 합니다. 이것이 제가 이 책에서 말하고자 하는 '노블 다이어트noble diet'입니다.

이 책은 육식에 대해 많은 부분을 설명하고 있습니다. 인류 식생활의 역사에서 육식만큼 큰 영향을 준 것도 별로 없기 때문입니다. 그래서 인류가 어떤 이유로 육식을 하게 되었는지, 육식은 사회 문화적으로 어떤 의미를 갖는지, 무엇 때문에 고기에 열광하게 되었으며 왜 단백질 신화가 생겨났는지, 단백질에 대한 영양학적인 사실이나 오해는 무엇인지, 고기 대신 단백질을 얻을 수 있는 식품은 없는지, 맛의 속성은 무엇이며 우리가 잘 모르는 새로운 먹거리는 어떤 것들이 있는지 등 육식과 단백질을 중심으로 한 이야기들을 나눌 것입니다.

영양학을 공부해 온 저로서는 고기가 꼭 필요하다거나 혹은 고기를 아예 먹지 말라거나, 또는 건강에는 어떤 식품이 좋으니 그것을 꼭 섭취하라고 강조하고 싶지 않습니다. 그렇다고 육식에 관한 새로운 사실을 전달하거나, 공장에서 키워지는 가축의 고통이나 피해를 고발하려는 것도 역시 아닙니다. 채식주의자가 되어야 한다고 주장하려는 것도 아닙니다. 단지 음식을 먹는다는 것을 조금 다른 관점에서 생각하여 얻은 지식과 되새기고 싶은 가치를 공유하고자 하는 것입니다.

『식사 혁명』에서 처음 제안하는 '노블 다이어트'가 어떤 독자에게는 어쩌면 전혀 새로운 개념이 아닐지도 모릅니다. 삶의 터전이자 울타리인 지구환경과 생태계에 대한 책임감을 느끼는 사람, 또는 진정 '잘 먹는 것'이 무엇인지를 고민하거나, '인류세Anthropocene'라 일컬어지는 이 시대를 살아가는 인간의 책임과 의무에 대해 고민해 온 독자들에게는 낯설지 않은 단어로 다가가리라 생각합니다. 생태계와 공생하는 밥상을 차릴 수 있는, 세상을 바꾸는 더 나은 밥상을 고민하는 우리는 이미 품격 있는 '노블 다이어터'이기 때문입니다.

기왕이면 재미있게 읽히는 교양과학 서적을 써 보려고 하였습니다. 그러나 근본적으로 어려움이 많았습니다. 영양학을 공부한 제가 인문이나 사회과학 지식이 풍족할 리 없고 글솜씨도 뛰어나지 않습니다. 과학적 사실을 전달하는 것이어도 어렵지 않게 읽히는 글, 재미있는 이야기로 쓰고 싶다는 강박관념에 이리저리 흔들린 부분이 없지 않습니다. 정확하게 전달하고 싶었으나 본의 아니게 과장된 표현이나 삭제된 내용이 있을까 염려가 됩니다. 누군가에게는 너무 쉬워 지루하고, 그런가 하면 또 누군가에게는 너무 생소하거나 낯설게 느껴질 수도 있습니다. 삼사십 년을 글재주 없는 '이과생'으로 살아온 저의 한계라 너그러이 받아들여 주시면 감사하겠습니다.

참고문헌으로는 일일이 소개하지 못하였습니다만,

기사와 논문, 책 등을 통해 지식을 얻게 해 준 많은 저자들에게 빚을 졌습니다. 혼자 감당하기 버거워할 때, 많은 분들이 거들어 주셨습니다. 자료 조사에 힘을 보태어 준 최인주, 김양희, 안윤, 이은영 연구원, 대중의 눈높이를 맞추는 노하우를 알려주신 동아사이언스 윤신영 기자, 냉장고 속의 손질 안 된 식재료를 편집 기술을 통해 멋진 요리로 만들어 주신 MID 출판사, 이 책이 나오기까지 함께 고민을 나누고 응원해 주었던 저의 가족 모두 고맙습니다.

2019년 3월

남 기 선

차례

식사 혁명 ————

제1부

맛을 아는
호모 사피엔스

1강
맛이란
무엇인가?

세상에 먹지 않고 살 수 있는 사람은 없습니다. 우리는 갓 태어나 엄마의 젖을 무는 순간부터, 숨이 다할 때까지 끊임없이 먹습니다. 살기 위해서이지요. 인체를 구성하는 60조 개 이상의 세포가 생존하려면 영양분이 반드시 필요하니까요.

사람뿐만이 아닙니다. 지구상의 모든 생명체는 세포로 구성되어 있고, 세포는 탄소, 산소, 질소 등의 원소로 이루어진 집합체입니다. 살아 있는 세포는 숨을 쉬고, 먹고, 노폐물을 배설하고, 증식하며 항상성을 유지합니다. 생명체는 살아 있기 위해 영양분을 얻는 행위, 곧 먹이활동을 합니다. 그리고 한 개체의 생존을 위해 만들어지는 음식은 대체로 다른 생명체의 희생으로 얻어집니다. 무기물로부터 직접 영양을 얻는 생산자가 있기는 하지만, 대부분의 유기체는 소비자이면서 포식자이기도 하고 피식자이기도 합니다. 예를 들어 볼까요. 우리는 세포가 필요로 하는 질소를 미생물이 만들어 낸 질소 화합물 형태로 얻습니다. 토양 속에 있는 미생물이 공기 중의 질소를 고정시켜 식물에게 공급하면 인간을 비롯한 동물은 그 식물의 희생을 통해 질소를 얻게 되는 것입니다. 먹이 사슬의 어느 위치에서건 음식을 먹음으로써 영양을 섭취하고 생명을 이어 나간다는 것은 동일합니다.

인간은 먹이에서 맛을 느낍니다. 인간을 '맛'을 느낄 수 있는 존재로 만든 것은 신의 한수라는 생각이 듭니다. 시행착오를 줄여 생존에 유리하게 만든 조치라고나 할까요. 우리는 어떤 음식이 안전한지, 좋은지를 맛으로 감지할 수 있습니다. 먹어서는 안 될 독극물도 맛의 잣대로 판단할 수 있지요. 또한 인간은 맛을 통해 먹는 즐거움을 압니다. 맛을 몰랐더라면 생명을 유지하기가 더 어려웠을지도 모릅니다. 음식을 먹고 영양분을 뽑아내는 일은 에너지 소모량이 큰, 힘든 일이기 때문입니다. 맛을 아는 것은 생존을 돕는 현명한 전략입니다.

그런데 이제는 너무 '맛'에만 몰두하는 것 같기도 합니다. '음식'의 진정한 의미와 가치는 제쳐 두고 말입니다. 텔레비전을 켜면 맛에 대한 얘기가 쏟아집니다. 맛있는 음식, 맛있는 음식점(맛집), 맛있게 먹는 법, 맛있게 만드는 법 등, 소위 '먹방' 시대의 맛 탐험기가 시작되었습니다. 살기 위해서 먹던 것이 이제는 먹기 위해서 사는 것으로 바뀐 듯합니다.

맛은 혀가 아닌 뇌로 본다

사람들이 이렇게나 열광하는 '맛'의 진정한 속성은 무엇일까요? 혀를 통해서 맛을 구분하고 느낀다고 믿는 사람들이 많습니다. 그런데 실제 맛은 혀가 아닌 머리(뇌)로 인지하는 것입니다. 맛을 느끼려면 혀와 눈, 코, 귀, 피부가 총동원되어야 합니다. 미각세포가 감지한 기본 맛의 정보에 향과 식감, 시각과 청각적 자극이 더해져 맛에 대한 밑그림이 그려집니다. 뇌는 이 밑그림에 과거의 기억, 현재 마음의 상태까지 모두 담아 맛을 인식합니다. 실제로 음식의 맛을 느끼는 데 있어 매우 중요한 요소는 냄새입니다. 그래서 맛taste보다는 풍미flavor라는 말이 더 적합한 용어입니다.

감기로 코가 막혔을 때 음식의 맛을 제대로 느끼지 못한 경험이 있을 것입니다. 심지어 코를 막고 사과와 양파를 먹으면 이들을 구분하기 어렵습니다. 같은 맛이라도 다른 색을 입혀 시각적인 차이를 두면 사람들은 다른 맛이라 여기지요. 우리는 먹음직스러운 음식을 보거나 갓 구운 빵 냄새를 맡는 것만으로도 침이 고이고 특정한 맛과 풍미를 느낍니다. 둥근 모양은 달콤한 맛, 각진 모양은 쓴맛을 가졌을

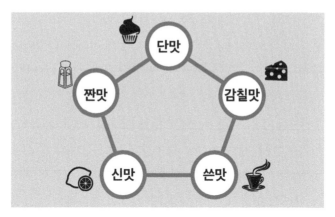

5가지 기본 맛

것이라 예상하고, 흐르는 듯 보이는 달걀 노른자나 치즈는 신선하다고 생각합니다. 먹고 마시는 소리, 음식을 준비하는 조리 과정이나 포장재의 바삭한 소리도 사람을 유혹합니다. 예를 들어 사과, 샐러리, 당근 등을 먹을 때의 아삭한 소리나 감자칩의 바삭거리는 소리가 클수록 맛있다고 느낍니다. 손으로 느끼는 감각에 따라서도 맛이 달라집니다. 이는 레스토랑 주인들도 이미 알고 있는 사실입니다. 포크, 나이프나 그릇을 가벼운 재질보다 묵직한 것으로 사용할 때 음식에 대한 평가가 더 좋아집니다. 이처럼 '맛'은 절대적인 것이 아닙니다. 복잡하게 연결된 감각들이 저마다 전해주는 속삭임들을 뇌가 한데 모아 판단을 하는 것입니다. 그러므로 맛은, 뇌를 어떻게 다루느냐가 관건입니다.

커피 바리스타나 와인 소믈리에처럼 특별히 예민한 감각을 타고난 사람들도 있습니다만, 유전적으로 맛이나 냄새를 잘 느끼지 못하거나 무관심한 사람들도 많습니다. 평범한 사람들은 5가지 맛과 400여 종의 냄새를 감지하는 '센서'를 가지고 있습니다. 또한 일반적으로 사람의 혀에는 약 5,000개의 미뢰가 있습니다. 미뢰는 40~70개의 세포 집합체로, 맛을 내는 물질에 반응하고 신경으로 신호를 보내는 센서입니다. 혀 표면(80%)뿐 아니라 목구멍과 입천장의 부드러운 연구개soft palate에도 미뢰가 있습니다.

과거에는 혀의 특정 부위가 각각 다른 맛을 느낀다고 생각했습니다. 미각 지도는 혀의 앞부분에서 단맛을, 옆면에서 신맛, 혀뿌리에서 쓴맛을 느끼는 것으로 그려져 있었습니다. 그러나 특정한 맛을 느끼는 위치가 따로 있는 것은 아니고, 기본적으로 어느 부위에서든 맛을 느낍니다. 다만 미뢰는 혀에 고르게 분포되어 있지 않고 혀끝이나 뿌리, 또는 옆면 뒤쪽의 가장자리 등에 집중되어 있습니다. 미뢰가 가장 많이 모여 있는 곳은 혀뿌리 부근의 '유곽유두circumvallate papillae'로 200~250개의 미뢰가 모여 있습니다.

맛에 대한 혀의 민감도는 쓴맛, 신맛, 단맛, 그리고 짠맛 순입니다. 보통 쓴맛을 느낄 수 있는 역치가 신맛의 수십 분의 일, 단맛 또는 짠맛의 수백 분의 일 정도로 훨씬 작습니다. 이렇게 쓴맛의 역치가 가장 작고, 혀뿌리에 미뢰가 많다 보니 혀뿌리에서 쓴맛을 느끼는 것으로 생각했던 것입니다. 흔히 약을 먹을 때 목구멍 쪽으로 약을 털어 넣곤 하는데, 오히려 약의 쓴맛을 더 강하게 느끼게 하는 역효과가 있었겠구나 싶습니다.

아이들의 미각은 어른보다 예민하다

미뢰의 수는 태아, 유아기에 가장 많아 약 1만 개 정도가 되고, 성인이 되면서 6,000~7,000개 정도로 줄어듭니다. 나이가 들수록 음식을 더 짜게 먹게 되는 이유입니다. 물론 성인기에도 미뢰를 구성하는 세포는 끊임없이 새 세포로 교체됩니다. 미뢰의 평균 수명은 대략 10일로 알려져 있는데 세포에 따라 수명의 길이가 달라서, 어떤 세포의 수명은 2일밖에 되지 않지만 어떤 세포는 3주가 넘기도 합니다. 특정 맛에 익숙해지거나 입맛을 바꾸는 데 시간이 걸린다는 이야기지요.

미뢰는 5가지 맛을 감지하는 미각세포로 구성되어 있고, 각각의 세포는 한 종류의 수용체만을 갖습니다. 5가지 맛 중 단맛, 짠맛, 감칠맛의 미각이 하는 일은 일차적으로는 영양분을 감지하는 것입니다. 단맛은 에너지를 내는 '당'을, 짠맛은 '나트륨 이온'을, 감칠맛savory taste은 단백질 식품의 '글루탐산'과 '이노신산' 등의 분자를 감지합니다.

감칠맛은 수프나 고기를 먹었을 때 입안에 남아 감도는 맛을 말하는데 일본어로는 '우마미umami'라고 합니다. 중국 음식에 많이 사용되던 대표적인 화학조미료 MSG^{mono} $^{sodium\ glutamate}$의 맛이기도 합니다. 본래 쓴맛과 신맛은 썩은 음식(부패)이나 알칼로이드(독)처럼 좋지 않은 물질을 탐지하는 신호입니다. 쓴맛의 수용체는 단맛이나 감칠맛에 비해 종류가 많습니다(25종). 독물의 분자구조가 다양한 만큼 이에 대응하려면 다양한 형태의 방패가 필요했을 것입니다. 이는 쓴맛의 역치가 낮은 것과 함께 독물로부터 우리의 몸을 보호하기 위한 장치라고 할 수 있습니다.

특히 쓴맛에 대한 감수성은 개인차가 커서 사람에 따라 수천에서 일만 배나 차이가 납니다. 미각 수용체의 유전자 변이가 쓴맛 수용체의 구조를 바꿔 쓴맛을 느끼는 민감도가 크게 달라지는 것입니다. 그래서 '미맹'을 진단할 때 쓴맛을 내는 PTC$^{phenyl\ thiocarbamide}$를 사용하지요. 아기의 입에 쓴맛이나 신맛이 나는 용액을 대어 주면 반사적으로 찡그립니다. 쓴맛에 민감한 사람은 채소의 쓴맛을 더 강하게 느낍니다. 이러한 사람들이나 아이들이 채소를 거부하는 것은 이들이 쓴맛에 더 민감하기 때문일 수 있습니다. 그럼에도 감귤의 신맛이나 커피의 쓴맛을 즐기는 것은 그 음식이 안전하다는 것을 뇌가 학습한 결과입니다.

미각세포가 맛 분자를 만나면 전기 신호가 발생하고 신경을 따라 뇌의 가장 아랫부분인 연수$^{medulla\ oblongata}$로 전해집니다. 연수에서 단맛, 짠맛 등의 정보가 중계되고, 시상을 거쳐 대뇌의 1차 미각영역으로 전달되어 맛의 강도와 질을

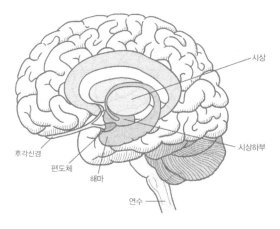

뇌의 구조

분석합니다. 여기에 시각과 촉각이 주는 독특한 특성과 식감이 조합되어 종합적인 이미지가 만들어집니다. 이때 편도체amygdala에서는 좋고 싫음의 감정이, 시상하부hypothalamus에서는 식욕을 담당하는 호르몬이 분비됩니다. 이를 종합하여 해마hippocampus에서는 맛에 대한 기억을 저장합니다.

냄새와 맛의 인식관계

맛은 입안에 있는 미뢰의 감각과 코 윗부분에 있는 냄새 수용기의 감각이 조합된 것이라 하였지요. 음식을 먹지 않더라도 뇌는 코끝을 자극하는 냄새 분자를 단시간에 분석하여 그 음식의 정체를 밝혀낼 수 있습니다. 냄새의 정체는 공기 속에 떠다니는, 분자량이 작은 다양한 유기화합물질입니다. 무거운 금속은 냄새가 나지 않습니다. 간혹 동전을 만진 후에 특이한 금속 냄새를 느낀다고 하는데, 이것은 사람의 손에 있는 유기물질이 금속과 반응하여 만들어 낸 냄새입니다.

사람이 냄새로 느낄 수 있는 물질은 수만 종류가 넘습니다. 각각의 물질을 직접 구분하는 것이 아니라 이들 냄새물질과 결합한 '수용체'의 조합을 통해 식별하는 것입니다. 코 안쪽의 '후각 상피'는 점액으로 덮여 있고, 그 안에 섬모를 가진 500만 개의 후각 세포가 있습니다. 후각 세포에 따라 다른 냄새물질과 결합하는 400여 종의 '수용체' 단백질이 있습니다. 냄새물질과 수용체의 결합이라는 무수히 많은 조합에 의해 만들어진 정보는 뇌의 여러 곳으로 보내지고, 후각 영역에서 냄새에 대한 이미지가 형성되면서 냄새를 식별합니다. 이 정보가 기억을 관장하는 해마에 전해지면 과거의 기억과 연관되어 해석됩니다. 또 편도체와 시상하부에서는 그 냄새가 좋은지, 싫은지에 대한 감정 정보를 추가하고, 뇌 전두영역에서 최종적으로 미각과 촉각, 온도 등을 통합하여 맛을 '인식'하는 것입니다.

냄새와 맛의 인식을 이렇게 단계적으로 서술하면 매우 복잡하고 시간이 많이 걸리는 것처럼 보이지만, 실제로

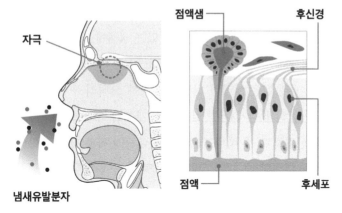

점액샘　　　　　　　　후신경

자극

냄새유발분자

점액　　　　　　　　　　　후세포

후각 기관 및 냄새를 맡는 과정

는 순식간에 일사천리로 일어나는 생리현상입니다. 시각, 청각, 촉각, 미각의 센서는 몇 종에서 몇십 종에 불과하지만 공기 중의 수만 종의 물질의 냄새를 식별해야 하는 후각은 400여 종의 많은 센서가 필요합니다.

　　그런가 하면, 처음에는 냄새를 강하게 맡다가 시간이 지나면 그 냄새에 둔감해지는 현상이 있습니다. 빵집에 들어가면 처음에는 빵 냄새가 강하게 나지만, 시간이 얼마 지나면 이를 느끼지 못하게 되곤 하지요. 동일한 냄새를 계속 접하게 되면 그 냄새의 신호를 더 이상 보내지 않게 되기 때문인데, 이를 전문용어로 '탈감작desensitization'이라고 합니다. 냄새를 느끼려면 세포 안팎의 전기 차가 생기고 정보 전달 통로가 열려야 하는데 빵집 안에서처럼 냄새물질이 계속 수용체와 결합되어 있는 경우 이것이 차단되기 때문입니다. 반면, 한 장소에서 항시 있는 냄새에 둔감해지면 새롭게 생긴 냄새를 맡기 쉬워지기도 합니다.

동물들은 이러한 탈감작을 통해 오히려 주변의 변화를 민감하게 감지할 수 있습니다. 개는 후각이 발달한 동물로, 사람보다 두 배나 더 많은 후각 수용체를 가지고 있습니다. 냄새의 종류를 식별하는 능력은 수용체의 종류에 영향을 받지만, 적은 양의 냄새 분자를 감지하는 예민함은 후각 세포의 '수'로 결정됩니다. 후각 수용체의 수는 종에 따라 크게 다릅니다. 사람을 포함한 영장류는 수용체 수가 아주 적은 편입니다. 개보다 더 많은 후각 수용체를 가지고 있는 생명체는 아프리카코끼리와 소입니다. 아프리카코끼리의 경우 천적인 수렵민족, 마사이족과 그들에게 위해가 되지 않는 농경민족(칸바족)을 냄새로 구별할 수 있다고 하니, 놀라운 일이 아닐 수 없습니다.

매운맛, 지방맛의 정체

다섯 가지 기본 맛 외에도 매운맛이 있지요. 매운맛은 엄밀히 말하면 맛이 아니라 쓰라림 같은 일종의 '통증'에 해당됩니다. 매운맛은 통각이나 온각을 전하는 3차 신경에 의해 전달됩니다. 3차 신경 말단에 고추의 매운맛을 내는 물질인 캅사이신과 결합하는 수용체가 있는데, 이 수용체는 본디 온도 센서입니다. 때문에 맵다는 느낌을 영어로 '핫hot'으로 표현하는 것은 과학적으로 어느 정도 타당성이 있어 보입니다.

또한 지방의 맛도 기본 맛에 해당되지는 않습니다. 최근 지방의 맛을 여섯 번째 맛으로 인정해야 한다는 주장이 있기는 하지만 합의를 얻으려면 더 많은 연구가 필요해 보입니다. 그렇지만 지방이 다른 맛을 보강하는 효과가 있다는 것만큼은 확실한 것 같습니다. 여행지에서 한국인의 향수를 달래주는 대표적인 음식인 라면 국물의 맛은 감칠맛과 지방맛이 어우러진 맛입니다. 글루탐산이 주는 감칠맛에 지방이 더해지면 불에 기름을 붓는 셈입니다. 기름진 고기를 거부할 수 없는 것도 동일한 관점에서 설명될 수 있을 것 같습니다. 개인적으로 기가 막힌 발명품이라 생각하는 초콜릿이나 아이스크림 역시 단맛과 유지방의 고소한 맛을 적절히 버무려 탄생시킨 맛입니다. 지방이 들어가면 단순했던 단맛이나 감칠맛이 더 맛있게 느껴집니다.

그런데 이런 환상의 조합이 일으키는 문제가 있습니다. 이런 맛은 '중독'이 되기 쉽다는 것입니다. 일본 류코쿠 대학의 후시키 교수팀은 생쥐 실험을 통해 지방맛에 중독될 수 있음을 보고하였습니다. 후시키 교수는 레버를 누르면 먹이를 주는 실험을 통해 '중독 정도'를 평가하였는데, 생쥐가 10%의 설탕물보다 옥수수기름에 더 강하게 중독되는 것을 확인하였습니다. 또한 후속 연구에서 지방을 맛본

생쥐의 뇌 안에 '베타 엔도르핀의 전구물질^{precursor}'이 증가하고 신경 말단에서 '도파민^{dopamine}'이 방출되는 것을 확인하였습니다. 엔도르핀^{endorphin}은 인체 내에서 생성되는 '마약'과 같은 물질로 고통을 줄이고 쾌감을 만들어 내는 호르몬입니다. 도파민 역시 쾌락과 유관되는 신경전달물질로 '하고 싶다'는 욕구에 빠지게 만듭니다. 도파민 부족은 파킨슨병과 같은 질환의 원인이 되기도 하지만, 니코틴이나 헤로인 같은 중독성 약물은 도파민 농도를 증가시킨다는 특징이 있습니다. 지방맛은 함께 먹은 음식의 맛을 증강시키며 궁극적으로 도파민과 베타 엔도르핀을 유발하여 기대감과 행복감이라는 쾌감을 주게 됩니다. 이런 면에서 발렌타인데이나 사랑하는 사람에게 구애할 때 '초콜릿'을 주는 것은 매우 과학적인 선택으로 보입니다.

배가 많이 불러도 단맛에 끌려 디저트에 손이 가는 것 역시 뇌 안의 물질 때문입니다. 일본 기오 대학의 야마모토 다카시 교수는 실험을 통해 그 이유를 밝혔는데요. 그 열쇠는 뇌 시상하부의 흥분성 신경펩타이드 호르몬인 '오렉신^{orexin}'이라는 음식 섭취 촉진물질입니다. 단것을 좋아하는 사람들은 달콤한 디저트를 보기만 해도 뇌에서 오렉신이 분비됩니다. 오렉신에 의해 디저트를 먹고 싶다는 의욕이 촉진되는 것입니다. 또한 오렉신을 쥐의 뇌에 투여하면 몇 분 뒤 십이지장에 가까운 부분이 오그라들고 식도에 가까운 부분은 느슨해집니다. 이는 위에 있는 음식물을 씹이지장으로 보내고, 위장 입구를 느슨하게 함으로써 음식이 들어올 공간을 만드는 원리입니다. '디저트 배'가 따로 있다는 말이 완전히 터무니없는 말은 아니었던 것입니다.

맛에 대한 학습은 자궁에서 시작된다

맛을 느끼려면 여러 감각이 총출동해야 하지만 그 진두지휘는 뇌가 합니다. 그래서 누구에게나 동일한, 절대적인 맛은 있을 수 없습니다. 맛은 문화와 환경의 영향을 더 크게 받고, 맛의 감각 또한 학습에 의해 달라집니다. 맛에 대한 학습은 태어나기 전, 어머니의 자궁에서부터 시작됩니다. 임신부가 섭취하는 음식의 맛이 양수를 통해 태아에게 전달되기 때문입니다. 연구에 따르면 태아기에 특정 맛을 경험한 아이들이 그 음식에 대한 거부감 또한 적게 느낍니다. 예를 들어 아이가 태중에 있을 때 엄마가 당근을 많이 먹었다면 당근을 먹지 않은 임신부의 아이에 비해 당근 맛이 나는 음식을 더 좋아하게 되는 것입니다. 출산 후에도 맛에 대한 아이의 선호도는 모유를 통해 자리 잡습니다. 이유기에 먹는 음식의 영향이 크다는 것은 더 말할 필요가 없습니다. 아이는 주변의 성인, 곧 부모나 보육자가 선호하는 음식을 좋아하게 됩니다. 부모의 식습관이 무의식적으로 몸에 배고 익숙해지는 것입니다.

흥미로운 것은 노인이 되면 다시 어렸을 때의 입맛으

로 돌아가려는 경향이 있다는 것입니다. 일본인의 경우 대부분의 음식을 간장으로 맛을 내야 맛이 있다 합니다. 인도인에게는 카레, 미국 사람들에게 가장 익숙한 맛은 버터일 수 있습니다. 저희 어머니도 과거에는 스테이크나 스시를 맛있게 드셨지만 나이가 드신 후로는 언제나 '김치가 최고'라 하십니다. 어릴 적 먹었던 맛이 나야 맛있다고 생각되는 것입니다.

인간만 좋아하는 음식과 싫어하는 음식이 있는 것은 아닙니다. 쥐나 원숭이, 참새, 심지어 물고기도 그렇다고 합니다. 고양이는 단맛을 즐기지 않습니다. 단맛 수용체(T1R2)의 유전자 변이 때문인데요, 육식 동물로 진화되는 과정에서 단맛 감각이 그다지 필요하지 않게 되었나 봅니다. 그런데 실험에 의하면 어미가 바나나를 먹는 것을 보았던 새끼 고양이는 고양이로서는 특이하게 바나나에 식욕을 보였다고 합니다. 주변의 어른들이 감자튀김과 케첩을 먹었는지, 고기를 즐겼는지 또는 소라나 번데기, 혹은 냄새가 심한 삭힌 홍어를 반겼는지 등, 어릴 적 접한 환경에 따라 음식에 대한 선호도가 생기고 식습관 및 식문화가 만들어지게 됩니다.

'언제 어디서 누구와 무엇을 어떻게 먹을지'는 문화적으로 결정됩니다. 특정 지역에 살게 되면 그 지역의 음식 맛에 적응되었을 가능성이 높습니다. 또한 먹어 보지 않은 음식은 소화가 잘 되지 않거나 알레르기 반응이 일어날 수도 있습니다. 반면 매운맛처럼 고통을 느끼는 특정 감각이 무언의 문화적 압력에 의해 극복되기도 합니다. 나아가 싫어했던 음식을 좋아하도록 자신을 움직일 수도 있습니다. 맛있다고 하는 음식은 사람마다 다릅니다. 어떤 사람들은 프랑스 유명 식당의 달팽이요리나 최고급 와인에 거금을 내지만, 어떤 이들에게 달팽이는 그저 징그러운 벌레에 불과할 뿐이지요. 세계 3대 진미로 꼽힌다는 푸아그라 역시 누군가는 독특한 냄새와 느끼한 맛에 거부감을 느낍니다.

같은 음식이라도 상황에 따라 맛이 달라진다는 것 역시 잘 알려진 사실입니다. '시장이 반찬'이라는 말이 있는 것처럼 배고플 때 먹는 음식은 무엇이라도 다 맛있습니다. 사랑하는 연인과 함께 하는 식사도 마찬가지이지요. 분위기 좋은 멋진 식당의, 근사한 접시에 담겨진 음식은 더 맛있게 느껴집니다. 우리는 익숙한 음식의 맛과 향을 좋아합니다. 어떤 것을 맛있게 느끼고 좋아하게 되는 선호의 감정은 머릿속에서 정해지는 일입니다. 맛에 대한 생각과 판단이 의식적인 활동이라는 것입니다.

그런데 반복하는 행동은 습관이 됩니다. 습관이 된 행동은 생각할 필요도 없이 저절로 일어납니다. 무의식적으로 말이지요. 그래서 습관의 힘이 매우 강력하다고 하는 것입니다. 식습관 역시 마찬가지입니다. 이처럼 식습관도 사회 문화적 맥락에서 자연스럽게 만들어집니다.

음식을 좋아하게 되는 것이 문화와 환경의 영향을 받

듯이, 음식을 싫어하게 되는 이유 역시 경험과 학습에 따르게 됩니다. 한 설문조사에 따르면 우리가 음식을 싫어하게 되는 원인의 1/3이 식후의 불쾌감 때문이라고 합니다. 실제로 한 연구에서는 불쾌감을 주는 약물을 투여했을 때, 좋아하던 음식을 싫어하게 되었다고 합니다. 이것을 '미각 혐오 학습'이라고 합니다. 암 치료를 위한 방사선 처치 후 구역질을 일으키는 경우가 많은데 이 역시 미각 혐오 학습과 관계가 있습니다.

음식에 대한 호불호가 뇌내 물질과 밀접하게 관련되어 있음은 물론, 학습의 결과라고 하니, 맛있게 먹을지 맛없게 먹을지에 대한 결정은 우리 자신에게 주어져 있는 것입니다.

2강
식생활 진화는
어떻게 이루어졌는가?

우리는 하루에 음식을 몇 가지나 먹을까요? 어느 정도를 먹어야 하루에 필요한 에너지와 영양을 채울 수 있을까요? 먹는 음식이 정해져 있는 종species은 얼마 안 되는 음식을 통해서도 필요한 영양소를 모두 얻습니다. 예를 들어 소와 같은 반추동물은 풀만 먹어도 큰 체격을 유지할 수 있고 코알라는 유칼립투스만으로도 생존이 충분합니다.

인간은 어떤가요? 인간은 육식동물이라고 할 수 있지만 더 정확하게는 잡식동물입니다. 무엇이든 먹을 수 있도록 자연스럽게 진화되어서 그야말로 먹지 못하는 음식이 없습니다. 심지어 먹지 못하는 식품에서도 독성물질을 제거하거나 약화시킬 수 있는 방법을 기어이 찾아내고야 맙니다. 식물의 뿌리부터 줄기, 잎, 꽃, 씨, 열매뿐 아니라 곤충, 벌레, 균류, 새나 물고기의 알, 동물의 고기는 물론 내장까지 모두 먹습니다. 생태계에 이렇게 다양한 먹거리를 모두 먹는 종이 또 있을까 싶습니다. 여러 가지 음식을 먹을 수 있다는 것은 한두 가지 특정 음식에 의존해 사는 것보다는 생존에 훨씬 유리한 전략입니다.

우리의 오랜 선조는 어떤 음식을 먹었을까요? 인류가 무엇을 어떻게 먹어 왔는지 식생활의 역사를 잘 살펴보면, 인간의 본질이나 진화 과정에 대한 이해는 물론, 나아가 인간이 꿈꾸는 '무병장수'에 대한 해법도 찾을 수 있을 것입니다.

육식의 시작

옛날 옛적, 인류를 포함한 영장류는 주로 나무 위에서 살았습니다. 당연히 나뭇잎이나 열매 등이 그들의 주요 먹이가 되었을 것입니다. 실제로 인류의 먼 친척뻘 되는 오랑우탄을 포함한 유인원이 초식동물인 것처럼, 초기 인류도 역시 주로 초식을 했습니다. 화석에 남아 있는 턱뼈, 치아의 마모 흔적이나 어금니 모양, 두개골 크기 등으로 추정해 볼 때, 인류는 필요한 에너지를 얻기 위해 많은 양의 거친 풀과 줄기를 오래 씹었을 것이라고 짐작할 수 있습니다.

고인류학자들이 말하는 호미닌^{Hominin}(인류 계통 분류에서 종^{genus}의 상위 단위로 과^{family}와 유사)은 현생 인류와 가까운 모든 종을 총칭합니다. 그 시점은 약 600만 년 전의 사할렌트로푸스 차덴시스*Sahelanthropus tchadensis*로 거슬러 올라갑니다. 이들은 몸집도 작고 두뇌도 작았습니다. 그렇지만 치아만큼은 달랐습니다. 작은 송곳니와 에나멜질이 두꺼운 치아는 음식을 많이 씹거나 빨아야 먹을 수 있었다는 일종의 증거입니다. 이들도 직립보행을 했을 것으로 추정하고 있기는 하지만, 인류의 특징인 완전한 이족보행을 유추할 수 있는 분명한 종은 오스트랄로피테쿠스*Australopithecus*입니다. 최고의 화석 인류 오스트랄로피테쿠스는 나무껍질이나 잎, 싹, 과일 등 채집을 통한 식물성 식품을 주로 먹었습니다. 그렇기 때문에 장과 같은 소화기관이 아주 컸습니다. 일을 많이 하는 조직이니 그 크기가 커질 수밖에 없는 것이 당연합니다. 또한 그 큰 내장을 배 안에 넣어 두려니 그들의 신체는 구부정할 수밖에 없었겠지요.

　　그런데 어느 날 사할렌트로푸스, 오스트랄로피테쿠스에게 생존의 위기가 닥칩니다. 인류의 최초 서식지 아프리카의 기후가 변하기 시작한 것입니다. 플라이스토세(258만 년~1만 2천 년 전) 훨씬 이전부터라고 추정되고 있습니다. 강우량이 줄고 건기가 지속되면서 열대우림은 점차 초지로 바뀌게 됩니다. 숲이 없어지니 먹을 수 있는 식물도 줄었는데 이들은 효율적인 대체 식량을 찾지 못했습니다. 결국 나무껍질이나 식물의 뿌리를 먹을 정도로 강한 구강 구조를 가지고 있었던 파란트로푸스 보이세이*Paranthropus boisei*, 오스트

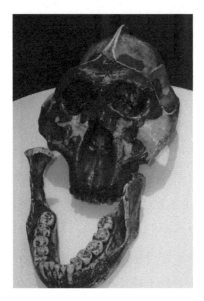

파란트로푸스 보이세이의
두개골과 치아

랄로피테쿠스는 그만 멸종하고 맙니다. 여기서 잠깐 설명을
더하자면, 흔히 인류가 오스트랄로피테쿠스, 네안데르탈인,
호모 사피엔스 순으로 진화했다고 생각하지만 이는 사실이
아닙니다. 오랜 기간 여러 종들이 공존해 있었고 이 중 호모
사피엔스만이 유일하게 생존한 것이지요. 초기 호모속Early
Homo 인류는 파란트로푸스만큼 강력한 이를 갖고 있지 못한
종이었습니다. 그러나 그들에게는 특별한 용기가 있었습니
다. 새로운 음식인 동물을 먹기를 두려워하지 않았던 것이
지요. 그렇다고 이들이 살아 있는 동물을 잡아먹었을 것으
로 생각되지는 않습니다. 만약 초기 호모 인류를 창을 들고
동물을 사냥하고 있는 건장한 원시인의 모습으로 상상한다

면 그것은 큰 오해입니다.

약 250만 년 전후의 초기 호모는 그리 건장하지도 강하지도 않았습니다. 키는 1m 남짓한, 연약하고 볼품없어 보이기까지 하는 초기 호모의 육식은 맹수들이 먹고 남긴 동물의 사체를 넘보는 수준이었습니다. 사체에 붙어있는 얼마 안 되는 살 조각이나 뼈를 발라 먹는 것이 전부였을 것입니다. 이들이 바로 '손을 쓰는 사람'이라는 뜻의 호모 하빌리스^{Homo habilis}입니다. 그들이 만들었을 것으로 추정되는 올도완^{oldowan} 석기 등을 이용해서 말이지요. 다른 동물들이 먹고 남긴 사체의 정강이나 두개골 안에는 부드럽고 지방이 풍부한, 영양밀도가 매우 높은 골수와 뇌가 있었습니다. 골수와 뇌는 먹을 것을 구하기 힘들었던 척박한 환경에서 이들을 살린 음식이 되었습니다. 인류의 육식은 이렇게 시작됩니다.

육식으로 뇌의 크기가 커지다

학자들은 인류가 여타의 영장류와 다르게 진화할 수 있었던 핵심 요인을 직립보행과 육식 그리고 불이라고 말합니다. 이런 조건들이 먹이를 찾고 충분한 영양을 얻는 데 도움을 주었고, 인류를 생존할 수 있게 한 원동력이 되었다는 것입니다. 수십, 수백만 년 전의 음식 선택이 인체의 구조와 생리를 변화시킴으로써 인류가 멸종하지 않고 생존할

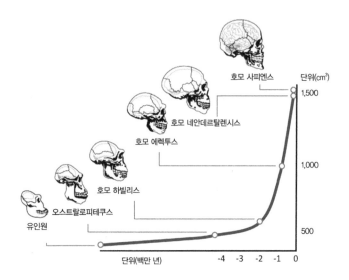

호모 사피엔스

단위(cm³)

1,500

호모 네안데르탈렌시스

호모 에렉투스

1,000

호모 하빌리스

오스트랄로피테쿠스

500

유인원

단위(백만 년)   -4   -3   -2   -1   0

두개골의 형태와 용량

수 있게 된 것입니다. 그중 역사적인 사건이 바로 육식과 화식(火食)입니다. 인간이 가진 두드러진 특징인 '큰 두뇌'를 갖게 된 계기가 되었기 때문입니다.

　　육식 이전의 영장류인 유인원의 뇌 크기는 400~500cm³ 정도에 불과합니다. 육식을 하면서 인류는 턱이 짧아지고 장의 크기가 줄어들었으며, 뇌의 크기는 커지기 시작합니다. 인류학자들은 초기 인류인 호모 하빌리스가 영양이 풍부한 육식을 하게 된 것이 인간의 뇌를 키우는 계기가 되었다고 말합니다. 그러나 호모 하빌리스가 고기의 맛만 보았다면, 본격적으로 육식의 식성을 갖게 된 것은 호모 에렉투스^{Homo erectus}입니다. 200만 년 전에 등장한 이들은 170cm의 키, 1,000㎤ 정도로 커진 뇌를 가지고 '꼿꼿이' 설 수 있었던 인류입니다. 야생 동물에 대응할 수 있을 정도의 체격과 사냥 전략을 짤 만큼의 발달된 뇌를 갖게 된 것입니다. 그렇다고 호모 에렉투스의 두뇌 크기가 현생 인류인 호모 사피엔스만큼 큰 것은 아니었습니다. 추측컨대 이들이 매일 고기를 먹을 수 있었던 것도 아니었을 것입니다. 사납고 거친 동물들과의 싸움은 때론 그들의 생명을 담보해야 하는 위험한 일이었습니다. 이들에게 고기는 귀한 음식이었고, 그래서 여전히 그들은 풀과 줄기, 뿌리, 열매, 곡물 등을 포함한 채식에 많이 의존했을 것으로 추정됩니다. 즉 초기 인류는 채식이 중심이었지만 가끔씩 육식을 하는 잡식동물이었던 것이지요.

먹을 수 있는 음식에 한계가 있고 쓸 수 있는 에너지에 제한이 있다면 에너지를 효율적으로 분배해야 합니다. 인체는 평균 1.25W/kg의 에너지를 요구한다고 알려져 있습니다. 단위 중량 당 에너지 소모량은 심장(32.3W/kg), 내장(12.2W/kg), 뇌(11.2W/kg), 근육(0.5W/kg), 피부(0.3W/kg) 순으로, 에너지를 다른 곳에 쓰려면 요구량이 큰 조직을 줄이는 방법이 우선입니다. 하지만, 그 어떤 이유로도 심장을 포기할 수는 없습니다. 인류는 내장보다는 뇌에 에너지를 분배했나 봅니다. 그 결과 호모 에렉투스를 거쳐 호모 사피엔스가 되기까지 인간의 두뇌는 유인원 때보다 약 세 배 정도(1,400cm^3)가 됩니다. 뇌는 제작비와 유지비가 많이 드는 기관이지만 충분한 투자 가치가 있습니다. 호모는 개별적으로는 다른 동물에 비해 보잘 것 없는 신체 조건을 가지고 있었지만 집단의 힘을 발휘할 수 있는 무기를 얻게 되었습니다. 전략을 세우는 큰 두뇌로 살아 있는 동물을 잡아 가족을 부양할 수 있었고, 세상 또한 차지하게 되었습니다.

영양소의 흡수를 높이는 화식의 힘

육식을 통해 어느 정도 인간의 모습을 갖출 수 있었던 호모 에렉투스에게 더 큰 행운이 찾아 왔습니다. 바로 인류 최초로 '불'을 다룰 수 있게 된 것입니다. 과거 초식에 의존하던 파란트로푸스 보이세이는 그 몸집을 유지하기 위해서 하루 8시간 이상 음식을 먹었을 것으로 추정됩니다. 마치 초식동물이 하루 종일 우물우물 풀을 씹고 있는 것처럼 말이지요. 그런데 호모 에렉투스는 고기를 불로 익혀 먹게 되었습니다. 의도적이었는지 우연이었는지는 알 수 없으나, 지구상 유일하게 요리하는 생명체, 즉 '요리 인류'가 탄생한 것입니다.

음식을 익혀 먹으니 먹기에 수월한 것은 물론 속도 편하고, 음식을 먹는 시간이나 필요한 노동도 대폭 줄일 수 있었을 것입니다. 아마 익힌 음식이라 맛도 좋았겠지요. 이러한 '화식'이 건강과 생존에 유리하다는 것 또한 자연스럽

육식과 화식으로 생존한 인류

게 터득하였을 것입니다. 화식을 통해 음식을 소화시켜야
하는 내장의 노동이 줄어들자 장의 크기가 작아졌고, 여분
의 에너지는 뇌를 성장시키는 힘이 되었습니다.

　　그렇다면 '화식'이 실제로 영양분의 흡수에 어떤 도
움을 주는지를 알아보겠습니다. 우리가 섭취한 영양소는
소화 후 장 세포에서 흡수되고 혈액을 통해 각 세포로 이
동되어 쓰입니다. 음식을 통해 얻을 수 있는 가장 기본적인
힘인 열량(에너지)을 간단히 예로 들어 보겠습니다. 식품
에 들어 있는 영양소 중 에너지를 내는 것은 탄수화물, 단
백질, 지방입니다. 그간 영양학자들은 식품의 화학성분인
탄수화물, 단백질, 지방에 애트워터 계수(각각 4, 4, 9kcal/

g)를 적용하여 에너지를 추산하였습니다. 애트워터 계수는 체내에서 이들 영양소가 연소되면서 발생하는 에너지와 소화율 등을 고려하여 산출한, 각 영양소 1g당의 생성 열량을 말합니다. 그런데 이렇게 열량을 산출하게 되면 먹는 사람 개인의 소화 능력뿐 아니라 소화에 영향을 주는 식품의 물리적 측면을 완전히 무시한 것이 됩니다.

실제로 식품의 화학적 구성이 동일할지라도 물리적 특성이 다르면 소화나 흡수되는 정도 또한 매우 다릅니다. 우리는 생쌀을 먹는 것과 밥, 또는 죽을 먹었을 때 소화(식품에 들어 있는 큰 덩어리의 영양소를 우리 몸에 흡수될 수 있도록 아주 작게 분해하는 과정)정도가 다르다는 것을 경험적으로 알고 있습니다. 쌀과 밥의 화학성분은 같지만 소화나 흡수되는 양상이 다르다는 것입니다.

식품에 열을 가하면, 즉 음식을 익히면 식품의 구조가 물리적으로 달라집니다. 식물성 식품의 경우에는 세포를 둘러싸고 있는 세포벽이 무너집니다. 또 세포막을 비롯한 세포의 골격을 이루는 다당체나 단백질이 분해되면서, 구조가 약해져 영양소가 더 쉽게 용출됩니다. 에너지를 낼 수 있는 영양소인 탄수화물과 단백질, 지방도 열에 의해 구조가 변하면서 소화효소에 의한 분해 속도가 빨라집니다. 이처럼 식품을 익혀 먹는 '화식'은 분명 영양소의 흡수율과 양을 높이는 매우 유용하고 효율적인 방법입니다.

인류의 진화를 '화식 가설'에 입각하여 주장하는 이

들은 사람의 체형이나 뇌, 소화기 같은 각 기관의 크기나 형태, 구조뿐 아니라 사회생활이나 결혼, 문화의 변천이 먹는 행위와 음식에 바탕을 두고 있다고 해석합니다. 충분히 공감 가는 논리입니다만, 아쉽게도 불을 사용했다는 고고학적인 근거는 80만 년 전 이전에는 찾기가 어렵습니다. 인간이 언제부터 불을 사용했는지, 그리고 어떻게 음식을 익혀 먹는 요리를 했는지에 대한 정확한 시점이나 방법은 아직 알려지지 않은 상태입니다.

그렇지만 영리한 호모속이 육식과 화식을 통해 영양소 흡수율을 높여 내장 대신 뇌를 선택하고, 뇌를 발달시키게 된 것은 매우 중요한 의미가 있습니다. 신체 중량 대비 특이하게 큰 두뇌를 가진 이들은 언어 능력과 소통 기술을 통해 집단을 성장시켰고, 현생 인류인 호모 사피엔스 세상의 발판을 마련합니다.

식사 혁명 ———

제2부

인류,
육식에 길들여지다

3강
사회 문화적으로 본
육식의 역사

많은 사람들이 고기를 좋아합니다. 고기를 처음 맛보는 이유기의 아이들에게도 고기는 대체로 거부 대상이 아닙니다. 아이들의 편식만 봐도 고기를 너무 좋아하고 채소를 먹지 않아 걱정이지, 고기를 안 먹어서 걱정하는 경우는 드뭅니다. 이렇게 우리가 알게 모르게 고기에 끌리는 이유는 인류가 태생적으로 고기를 먹어 왔기 때문입니다.

육식과 화식이 인류의 진화를 이끌었다는 가설은 매우 설득력이 있습니다. 불을 이용하여 음식을 조리하고 고기를 먹었기에 생존이 가능했다는 것입니다. 인간은 육식과 화식을 하면서 뇌의 크기가 커졌고, 턱과 이는 작아졌으며, 내장의 크기 또한 줄어들었습니다. 그야말로 '환골탈태'한 현생 인류가 탄생한 것입니다.

사실 채식을 하든 육식을 하든, 또는 날로 먹든 익혀 먹든 음식은 그 자체만으로 우리의 겉모습과 본질에 영향을 줍니다. 그런 점에서 인류의 역사는 곧 음식의 역사이기도 합니다. 우리가 누구인지를 알려면 인류의 역사를 통찰해야 하듯 음식 역시 마찬가지입니다. 지금 우리가 왜 이렇게 고기를 좋아하게 되었는지에 대해 이해하려면 육식을 영양적 관점에서뿐 아니라 사회 문화적 관점에서 살펴볼 필요가 있습니다. 한 사람의 살아온 인생을 다각도로 바라보며 접근할 때 그 사람을 진정으로 이해하게 되듯이, 육식이 인류의 역사 안에서 어떠한 자리매김을 해 왔는지를 살펴보면 육식에 대한 해석 역시 가능할 것 같기도 합니다.

부와 권력의 상징

인간은 잡식동물입니다. 뭐든지 다 먹습니다. 특히 고기에 대한 열망이 아주 강합니다. 인류학자들은 육식에 대한 인간의 욕망이 생리적 현상이 아니라 사회 문화적인 결과라고 말합니다. 오랜 시간 동안 동물의 고기는 부를 가늠하는 지표였습니다. 어떤 것이 부의 상징이 되려면 그것이 희귀하거나 구하기 어려운 것이어야 합니다. 인류가 사냥을 하던 시절부터 고기는 구하기 힘든 음식이었습니다.

고기를 먹는다는 것은 부의 상징인 동시에 권력이었습니다. 사냥의 성공을 축하하는 잔치에서 고기는 힘을 과

사냥을 시작하게 된 인류

시하는 음식이었지요. 특히 큰 동물을 사냥하여 고기를 획
득한다는 것은 단순히 식량을 확보했다는 의미 이상의 성
취였습니다. 인류학자들에 의하면 구석기 시대나 지금이나
큰 동물을 구하러 다니는 것보다, 작은 동물이나 곤충, 또는
씨앗이나 견과류를 채집하는 것이 식량 확보 면에서는 더
나은 방법이라고 합니다. 자신보다 더 크고 강한 동물을 사
냥하고자 하는 욕망은 강인함을 보여주려는 인간의 과시욕
과 권력에 기초합니다. 권력은 곧 타인에 대한 영향력의 범
위를 뜻하기 때문입니다.

또한 음식을 나누고 함께 먹는다는 것은 소속감을 갖게 하는 행위입니다. 대부분의 사회적 동물은 식량을 공유합니다. 인간뿐 아니라 원숭이와 까마귀, 박쥐, 심지어 고래도 먹이를 공유한다고 합니다. 인간은 사냥으로 잡은 고기를 나누고 공유하는 것으로 소속감을 형성하고 정체성을 드러냈습니다. 이러한 행위는 개인이 권력을 차지하는 수단으로도 활용되었을 것입니다.

반면, 고기에 대한 욕망이 사회 문화적 현상이라기보다는 생리적인 욕구에 가깝다는 주장도 있습니다. 이를 주장하는 분들은 그 이유로 단백질을 이야기합니다. 동물이 단백질을 갈망한다는 주장은 초파리나 모기를 이용한 실험을 통해 확인이 되기도 하였지요. 그렇지만 이것으로 고기에 대한 인간의 선천적인 식욕을 설명하기에는 무언가 부족해 보입니다. '수동적 사냥꾼'이었던 초기 인류 이래, 인간은 적은 양의 고기로도 충분히 영양 상태가 개선되었기 때문입니다.

사실 인간은 굳이 고기가 아니더라도 애벌레 등 작은 곤충이나 식물을 통해 필요한 단백질과 지방을 섭취할 수 있습니다. 실제로 우리가 섭취해야 하는 단백질의 양이 그리 많지도 않을 뿐더러, 체내에서 부족한 영양소를 '당기게' 만든다는 가설은 물을 제외하고는 과학적 근거가 크게 없습니다. 물론 굶주렸을 때 인간의 몸이 배가 고픔hunger을 느낌과 동시에 섭식eating을 유도하게 되는 것은 다른 이야기입니다. 단백질에 관한 맹신은 유사과학에서 비롯된 면이 없지 않아 이 부분은 뒤에서 자세히 설명하고자 합니다.

또 다른 학설에 따르면 우리가 가진 '이기적 유전자' 때문일 수도 있습니다. 진화란 오랜 생존을 선호하기보다 번식을 잘하는 쪽, 곧 후손을 남기는 방향을 선호한다고 합니다. 동물성 식품을 많이 섭취할수록 생식 능력이 좋아지고 번식력이 커진다는 연구 결과가 있습니다. 육식이 남성의 힘을 키운다는 속설은 제외하더라도, 육식을 하는 여아의 초경 연령이 빠르다는 사실은 그만큼 자식을 더 많이 낳을 기회를 갖게 된다는 것입니다. 자손을 더 많이 퍼트리고자 하는 '이기적 유전자'가 육식을 부추긴다는 것이지요.

과거 에너지가 부족했던 시절, 식물은 영양의 급원으로서 별 가치가 없는 식품에 지나지 않았습니다. 비교적 쉽게 구할 수 있지만 모든 식물을 먹을 수 있는 것은 아니었기 때문입니다. 우리에게 식량이 될 만한 것은 대개 식물이 영양분을 농축, 저장해 두는 곳인 덩이줄기나 뿌리, 과실, 씨앗 정도입니다. 물론 지금은 줄기나 잎채소를 여러 가지 면에서 훌륭한 먹거리라고 강조하고 있습니다만, 배고팠던 시절의 채소는 투자 대비 소득이 적은 식품에 불과하였습니다. 열심히 씹고, 또 씹어도 건질 만한 영양분이 그리 많지 않았으니까요. 우리 인간에게는 식물의 식이섬유소를 분해하여 에너지를 만들어 낼 능력이 없습니다. 그러니 채식은 부와 거리가 멀 수밖에 없었습니다. 더군다나 채식을 하는 사람들의 몸에는 살이 잘 붙지 않으니 겉으로만 보아도 부의 상징이 되기는 힘들었겠지요.

근대 이전에는 세계 어느 나라에서나 풍족하게 먹지 못했습니다. 먹을 수 있는 채소나 곡물조차 많이 부족했습니다. 특히 날씨가 추운 지역에서는 농사를 짓기 어려웠고, 에너지를 채울 만한 기름진 음식도 없었습니다. 우리 몸에 기본적으로 필요한 단백질을 채우기도 매우 힘들었을 것입니다. 아주 오랜 기간 일반 대중은 대부분 가난했고 고기뿐 아니라 먹을 만한 다른 음식도 별로 없었습니다. 잘 먹지 못하니 당연히 몸은 허약했고, 식단에 고기가 부족하다는 사실이 영양상태 불량의 원인으로 지목되었습니다. '건강하고 힘이 세지기 위해서는 고기를 잘 먹어야 한다' 라는 맹신이 생겼을 것입니다. 이런 이유로 사람들은 고기를 먹고 싶어하게 되었고 그 욕구가 우리 머릿속에 박혀버린 것일 수도 있습니다.

19세기만 해도 요리에 고기를 더 많이 넣어 먹는 민족을 우월하다고 여기는 경우도 있었습니다. 먹는 음식에 따라 어떤 사람들은 야만인이 되고, 소고기를 먹는 종족보다 지적으로 열등하다고 폄하되기도 했습니다. 쌀밥을 먹는 중국인, 혹은 감자를 먹는 아일랜드 농민이 무시당하기도 했습니다. 지금은 이런 잘못된 문화가 많이 사라졌습니다만, 이러한 사회 문화적 배경이 인류가 고기를 과하게 갈망해 온 이유의 바탕이 되었음은 분명해 보입니다.

생존을 위한 필요에서 맛있는 음식으로

육식은 인류의 두뇌를 키우는 생리적 변화 이상의 역할을 했습니다. 앞에서 언급했듯이 육식은 공유와 정치의 문화를 만들었고, 인류를 추운 지역에서 생존하게 하는 힘이 되기도 했습니다. 그래서 인간이 육식에 대한 맹신을 가지게 되었는지도 모릅니다.

수렵 생활을 할 때만 해도 육식을 할 때 기본적으로 내장을 먹었고, 특히 간에 대한 가치가 높았습니다. 어느 동물이나 간은 영양이 풍부하고 맛도 비슷합니다. 그러나 고기(동물의 근육조직)는 종류별로 맛이 다르고 맛이 좋지 않은 것도 많습니다. 수렵인들은 간이나 지방을 즐겨 먹었고, 고기는 그 다음 순서였습니다. 초기 인류의 육식은 골수나 뇌에서 시작되었습니다. 골수는 근육(살)보다 지방이 많고 영양과 에너지 밀도가 높기 때문입니다.

그런데 동물이 가축화되면서 고기의 가치가 상승했습니다. 지방이 풍부한 맛있는 고기가 만들어지기 시작한 것입니다. 고기를 제공하는 동물의 크기도 커졌습니다. 동시에 지방도 많아졌습니다. 그래서 더 '맛있는 고기'를 인류에게 제공할 수 있게 되었습니다. 오늘날까지도 '맛있는' 음식으로 손꼽히는 요리는 대부분 고기 요리입니다.

물고기와 조류 및 달걀과 같은 난류 등도 육식의 식탁에 차려지는 동물성 식품이기는 합니다만, 우리가 흔히 말하는 '고기'는 소, 양 등의, 수렵이나 목축으로 획득한 '동물의 몸'으로 생각하면 좋겠습니다. 그러나 가축을 기르는 것과 식량 자원으로써 적극 활용하는 것은 분명 다른 일입니다. 오늘날의 시장에는 다양한 부위의 생고기뿐 아니라 햄, 소시지 등 보존 가능한 육가공품이 넘쳐 납니다. 물론 우유, 버터, 치즈, 요구르트 등의 유제품도 있습니다. 수렵과 목축의 결정적 차이는 이 유제품에 있다고 해도 과언이 아닙니다. 수렵민은 야생의 동물로부터 젖을 짤 수 없습니다. 만약 그들 가까이 다가가서 젖을 짜려고 했다면 그들은 아마도 사납게 저항했을 것입니다. 그들의 젖은 어린 새끼를 위한 것이고, 수유기의 암컷은 새끼에게만 유선이 열린다고 합니다. 그렇게 생각하면 인간의 착유는 새끼 동물의 독점 권리를 빼앗은 착취나 다름 없습니다. 인간이 야생 동물을 언제 어떻게 가축화할 수 있었는지, 또 어떻게 동물의 저항을 감수하며 착유에 성공할 수 있었는지가 궁금해집니다.

목축은 단지 가축을 기르는 것과는 다릅니다. 목축은 무리지어 사는 초식동물을 사육하여 젖과 고기를 얻는 것, 모피나 털을 이용하여 의복을 만드는 것 등 가축 생산물에 의존하는 생활양식을 모두 일컫는 말입니다. 그래서 젖을 짜지 않는 돼지나 닭을 키우는 것은 목축이라 하지 않습니다. 소나 말을 한두 마리 키우는 것 역시 마찬가지입니다. 목축이란 몇백 두의 가축을 관리하고, 그들의 젖이나 고기를 적극적으로 식생활에 도입하는 생활양식입니다. 목축민에게는 오히려 고기보다 젖이 더 중요한 식량 자원이 됩니다.

한반도의 육식 역사

한반도 우리 조상의 생활상을 담은 『삼국지』 위지 동이전에 의하면, 고대 국가 부여(夫餘)의 주요 관직명이 우가(牛加), 저가(豬加), 마가(馬加), 구가(狗加), 견사(犬使) 등의 가축 이름으로 되어 있습니다. 조상들의 식생활에서 가축이 얼마나 중요했는지를 짐작할 수 있게 해 주는 예입니다. 그러나 농경이 정착되고 불교가 전래되자 우리의 식생활은 육식 습관에서 점차 멀어지게 되었습니다. 고구려, 백제, 신라에 이르기까지 전개된 불교의 전파는 육식에 영향을 주었습니다. 신라시대 불교에서는 '살생유택'이라 하여 산 것을 죽일 때는 가려서 죽이라고 하였습니다.

고려시대에 들어서는 불교의 번창과 함께 육식, 특히 소고기를 먹는 풍습이 거의 자취를 감추었습니다. 이는 무분별한 살생을 금하는 불교의 가르침 때문이기도 했지만 농경에 큰 힘이 되는 소를 함부로 도살할 수 없었기 때문으로 생각됩니다. 그러나 몽골 침입 이후에는 소가 중요한 식용 가축이 되었습니다. 고려 말 몽골의 지배와 영향이 커지면서 도살법과 고기 조리법이 많이 개발되었습니다. 고려의 수도 개성에는 몽골인이 많이 거주했는데, 이 때문인지 개성 요리 중 불고기 스타일의 구운 고기에 해당되는 '설리적'과 '설렁탕'이 있었다는 기록도 있습니다.

이후 조선시대에는 숭유억불 정책의 영향으로 육회나 개고기를 먹는 것에 대해서도 어떠한 저항감이 없었습

평면전개형 상차림의 예

니다. 특히 조선시대에는 밥상 다리가 휘어질 정도로 많은 음식을 차려내는 풍습이 생겨났습니다. 실리보다 형식을 중시했던 숭유주의는 '평면전개형'이라는 우리만의 밥상 문화를 형성하는 바탕이 되었습니다. 평면전개형 밥상에 차려지는 음식은 식어도 맛이 변하지 않아야 했기에, 중국 의 돼지기름처럼 식으면 굳는 기름이 아니라 참기름 등의 식물성 기름이 많이 사용되었습니다.

　이렇게 한반도에서는 오랫동안 고기를 먹어왔고, 때 문에 고기 요리가 발달했습니다. 하지만 역사적으로 보면 서민들이 고기를 충분히 먹었다고는 할 수 없습니다. 문명 이 발달한 지역의 음식은 대부분 지역과 계급, 그리고 일상 과 행사에 따른 식문화의 차이가 크기 때문입니다. 짐작하

건대 과거 서민에게 고기는 호화로운 음식이었고 때문에 일상에서는 고기 없는 식사가 대부분이었을 것입니다. 콩을 '밭에서 나는 고기'라고 칭해 온 것을 보면 대두가 고기 대신 단백질을 보충할 식품으로 여겨졌을 것이고, 지역에 따라 생선도 고기의 좋은 대용품이 되었을 것으로 보입니다.

육식문화의 터부와 금기

흥미로운 점은 육식에 여러 금기 또는 터부taboo가 있다는 것입니다. 오래전 수렵에 의존하던 시대에 부족의 토템이 되는 동물, 즉 부족이 숭배하는 동물을 사냥 대상에서 제외시킨 것이나, 자신이 잡은 동물의 고기를 먹을 수 없게 한 것도 일종의 터부입니다. 사냥 실력에는 사람마다 차이가 있어 실력자가 나타나기 마련인데, 이 때문에 한 사람에게만 힘이 집중되지 않도록 만든 원칙인 것입니다. 다른 누군가가 동물을 잡아오지 않는 한 그는 고기를 먹을 수 없었습니다. 고기를 나누어 받은 남자들은 그에 대한 보답으로 사냥에 열심일 수밖에 없었겠지요. 또한 다른 사람의 창을 받아서 동물을 잡으면, 그 고기는 잡은 사람이 아니라 창 주인의 소유가 되었다고 합니다. 궁극적으로 이런 터부들은 사냥을 잘 못하는 사람들과도 고기를 나누게 하려는 목적이 담겨 있어, 평등 사회를 유지하는 당시의 한 방법이 되었을 것입니다.

육식의 터부를 설명하기 위한 이론은 여러 가지입니다. 먼저 건강에 해로운 고기를 피하기 위해 육식을 금지했다는 이론이 있습니다. 많은 동물이 박테리아와 기생충의 숙주가 되기 때문입니다. 회충, 촌충, 선모충, 대장균은 물론 브루셀라병이나 탄저병을 예방하기 위해 육식을 금했다는 것이지요. 유대교의 돼지고기 금기도 선모충 감염을 피하는 수단이었다고 합니다.

경제학적 관점에서는 육류 금기가 자원의 활용도를 높이고 사회가 생존할 수 있도록 도왔다고 봅니다. 소나 양, 염소는 인간이 먹지 않는 짚, 풀만으로 번식이 가능했지만 돼지는 그렇지 않았습니다. 돼지는 같은 자원을 두고 인간과 나눠야 했고 또한 젖을 짤 수 있던 것도 아니었습니다. 그래서 만약 유대교와 이슬람교도가 모두 돼지고기를 먹어 그 수요를 충족하기 위해 돼지를 많이 키웠다면 중동의 식량 자원과 물을 두고 돼지와 사람이 경쟁을 했을 것이라고 추측합니다.

한편 『요리본능』의 저자이자 인류학자인 리처드 랭엄Richard Wrangham은 이러한 금기가 사람들에게 소속감을 갖게 했다고 설명합니다. 다양한 금기가 그 부족과 집단 정체성의 표징으로 작용했고 문화적 구분의 지표가 되었다고 말합니다. 인도의 소고기 금기는 힌두교가 이슬람교와 분리되어야 한다는 개념과 연결되어 있으며, 이와 유사하게 중동의 돼지고기 금기 역시 그리스도교로부터 이슬람교와 유대교를 차별화하는 데 도움이 되었다는 것입니다. 문화가 진화하고 변화하듯이 육류 금기 현상도 사회 경제적인 환경에 따라 변할지 모릅니다. 여하간 이러한 터부는 식물성 식품에서는 볼 수 없는 육식만의 특이한 현상입니다.

이런 터부는 가축 자체에도 해당됩니다. 목축민들은 가축을 은행에 맡긴 원금처럼 생각하여 소비하지 않았습니다. 가축보다는 그 이자에 해당하는 젖이나 피가 소비의 대상이 되었습니다.

종교가 육식을 제한하기도 했습니다. 이슬람교는 돼지고기, 힌두교는 소고기, 유대교는 돼지고기와 낙타에 대한 금기가 있고, 불교는 모든 육식을 금하고 있습니다. 일본의 경우에는 오랫동안 네 다리 짐승의 육식을 피하도록 했기 때문에 세계에서 보기 드문 생선 중심의 식사 패턴이 만들어졌습니다.

한편 사냥과 육식은 성의 불평등을 더 심화시키기도 했습니다. 오늘날에도 대부분의 육식과 관련된 금기는 여성들을 대상으로 합니다. 여성이 고기를 먹는다는 것은 동물의 힘을 얻는 것이고 남성의 지위에 도전하는 것이라 여겨 일부러 금기를 만들어 내기도 했습니다. 예를 들어 아프리카의 어느 부족은 여성이 닭고기를 먹지 못하게 하고, 탄자니아의 하드자족은 지방이 많은 부위, 곧 영양분이 많은 부위는 남자들의 몫으로 남겨둔다 합니다. 여성이 고기를 훔치는 것은 강간이나 죽음까지도 각오해야 하는 위험한

일이었다고도 합니다. 오늘날에도 육식과 남성이 이루는
정체성 간의 고리는 크게 변하지 않은 채 가부장적 사회의
상징으로 남아 있습니다.

4강
현대 인류는
어떤 고기에 열광하는가?

앞서 소개한 여러 금기나 터부에도 불구하고, 여전히 고기는 우리의 입맛을 사로잡고 있으며 세계 대부분의 음식에서 빼놓을 수 없는 식품입니다. '고기'는 스스로 움직이는 생명체의 신체 조직을 의미합니다. 단백질과 지방 등의 영양분이 풍부할 뿐 아니라 지방맛과 감칠맛이 어우러져 맛도 좋습니다.

식품이 된 동물은 날로 먹거나 익혀 먹을 수 있고 살코기는 물론, 털을 깎아낸 껍질과 심장, 허파, 위, 장 등 내장과 뼈 속의 골수, 뇌의 골까지 모두 먹을 수 있습니다. 이런 동물들의 종류에는 포유류뿐 아니라 조류와 파충류, 양서류, 곤충, 갑각류와 어류 등이 있습니다. 그러나 이들은 '육·해·공'에서 스스로 움직이는 생명체이기 때문에 인간이 쉽게 손에 넣을 수 있는 존재가 아니었습니다. 살아 있는 동물을 잡는다는 것은 언제나 위험이 따르는 일이었고 그래서 초기 인류에게 고기는 자주 먹기 어려운 음식이었습니다. 그러나 지금은 고기를 얻기 위해 힘들게 사냥을 할 필요가 없어졌고, 손쉽게 구할 수 있는 식품이 되었습니다.

우리나라뿐 아니라 세계적으로도 고기 섭취량은 늘고 있는 추세입니다. 나라별로 즐겨 먹는 고기의 종류는 다르지만 고기에 대한 사랑만큼은 크게 다르지 않은 것 같습니다. 연간 도축되는 동물이 약 650억 마리나 된다고 하니까요. 650억이라는, 머릿속으로 잘 헤아려지지도 않는 이 숫자는 오로지 우리가 먹기 위해 도축되는 동물의 양입니다. 여기에 실험용이나 스포츠, 화장품 개발 등 인간의 더 나은 삶을 위해 다방면으로 활용되는 동물의 수까지 생각한다면, 그 수효는 가히 상상을 초월할 것입니다. 그러나 여기에서는 우리가 먹기 위해 사육하는 동물들에 초점을 맞춰 보고자 합니다.

세계적으로 많이 소비되는 가축 10종

세계적으로 많이 섭취되는 동물을 10위부터 1위 순으로 나열하면 다음과 같습니다.

먼저 10위는 낙타입니다. 우리나라에서는 많이 생소한 음식이지만 중동의 서아시아나 북아프리카 지역에서는

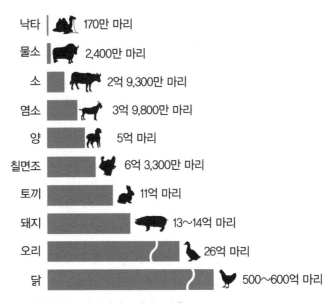

낙타	170만 마리
물소	2,400만 마리
소	2억 9,300만 마리
염소	3억 9,800만 마리
양	5억 마리
칠면조	6억 3,300만 마리
토끼	11억 마리
돼지	13~14억 마리
오리	26억 마리
닭	500~600억 마리

세계에서 육류로 가장 많이 소비되는 가축

즐겨먹는 음식으로, 맛은 소고기와 비슷하다고 합니다. 버릴 것이 없는 귀한 음식인 낙타고기에는 지방이 많은데, 낙타가 사막에서도 오래 견딜 수 있는 것이 바로 낙타 혹에 들어 있는 이 지방 때문입니다.

9위인 물소는 주로 동남아권, 특히 네팔에서 흔한 가축으로 농사일에 사용되거나 식용으로 섭취되고 있습니다. 특유의 냄새 때문에 처음에는 꺼리게 되는 경우도 있지만 익숙해지면 그 맛에 반하게 된다고 합니다.

8위는 바로 소입니다. 소는 인간이 기르는 사육 동

물 중 가장 몸집이 큰 동물로, 성체가 될 때까지 시간이 가장 많이 걸립니다. 소는 전 세계적으로 약 3억 마리가 도축되는데 숫자는 적어 보이지만 육류 중에서 가장 무게가 많이 나가기 때문에 실제 소비되는 양은 상위권에 속합니다. 18세기 경부터 식육 생산에 특화된 품종이 개발되기 시작했기 때문에 내장은 물론 먹지 않는 부위가 별로 없습니다. 또한 동물성 단백질 가운데 가장 질이 좋다고도 평가받고 있습니다.

7위는 예로부터 약용으로 쓰여 온 염소입니다. 염소 고기는 지방은 적고 단백질, 칼슘, 철분이 많아 기력 회복에 좋은 강장식품으로 권장되었습니다. 염소는 특정 문화와 무관하게 여러 지역에서 섭취되고 있지만 우리나라에서 그리 흔한 고기는 아닙니다.

6위를 차지한 양은 서양에서 스테이크뿐 아니라 소고기, 돼지고기처럼 일반적인 요리 재료로 다양하게 사용되고 있습니다. 중국에서는 주로 양꼬치로 즐겨 먹습니다. 고단백 식품으로 육즙이 풍부하고 식감이 쫄깃해서 애호가들이 많지만, 특유의 향 때문에 거부감을 느끼는 사람도 적지 않습니다.

5위는 칠면조입니다. 우리나라 사람들은 즐겨 먹지 않지만 미국인에게는 특히 추수감사절에 빼놓을 수 없는 음식입니다. 칠면조는 다른 가금류에 비하여 크기가 크고 육질이 다소 퍽퍽하고 질긴 편입니다. 그렇지만 서구 기독

교 문화에서는 풍요로움과 사랑을 상징하며 애용되고 있습니다. 지난 25년간 미국의 칠면조 소비가 두 배로 높아졌다고 하는데 그만큼 사람들이 많이 찾는 고기입니다.

4위는 어떤 동물일까요? 바로 예상치 못한 동물, 토끼입니다. 토끼 고기가 세계에서 네 번째로 많이 소비되는 고기라니 놀라우시죠? 우리에게는 그저 귀엽고 예쁘기만 한 동물 같은데, 유럽에서는 일반 정육점에서도 쉽게 구할 수 있는 고기입니다. 육질이 부드럽고 비린내가 나지 않아 남녀노소 누구나 즐기는 고기라고 합니다.

3위는 우리에게도 익숙한 돼지입니다. 한 해 약 13~14억 마리가 소비되고 있으며 소비량도 크게 증가하고 있습니다. 돼지가 '1등'일 줄 알았는데 예상했던 것보다 순위가 낮다고 생각되시나요? 도축 수가 아닌 무게로만 따져 보면 어쩌면 1위를 차지할 수도 있겠습니다. 돼지고기는 상대적으로 저렴한 데다 부위별로 다양한 맛과 풍미를 느낄 수 있어 세계인들에게 두루 사랑 받고 있습니다. 우리나라에서는 여러 부위 중에서도 삼겹살 사랑이 유별나지요.

이제 1, 2위만 남았는데요, 2위는 오리, 그리고 1위는 당연히 닭입니다. 오리는 불포화지방이 많아 예로부터 보양식으로 간주되곤 했습니다. 1위인 닭의 자리는 독보적입니다. 10위부터 2위까지 소비되는 동물들의 수를 모두 합쳐도 1위인 닭에는 절반도 못 미칩니다. 한 해 동안 전 세계적으로 소비되는 닭의 양은 무려 500~600억 마리입니다.

돼지고기에 비해 가격이 저렴하기 때문인지 소비량은 점점 더 늘고 있는 추세입니다. 우리나라에서도 닭 도축량이 최근 20년 간 가파르게 증가하였습니다. 1998년 3억 1,234만 마리에서 2007년 6억 3,873만 마리로 그 수가 2배 증가함에 이어, 이후 10년 만에 9억 4천~10억 마리까지 증가했습니다. 통계로 미루어 보면 한국인 1인당 연간 약 20마리, 무게로는 약 15kg을 섭취하는 것으로 추산됩니다.

육류 소비량이 많은 나라

세계적으로 소, 돼지, 닭고기를 합한 육류의 생산량과 소비량이 가장 많은 나라는 중국입니다. 인구가 많으니 소비량도 많은 것입니다. 또한 미국인들 역시 전 세계 고기

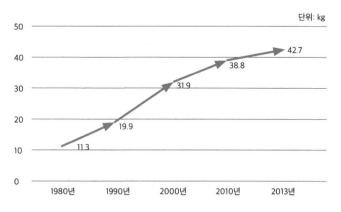

한국인의 1인당 육류 소비량 추이

생산량의 1/3을 섭취하고 있습니다. 소고기만 떼놓고 보면, 생산량과 소비량이 가장 많은 나라는 미국입니다. 미국인들은 1인당 연간 89.7kg(2014년 기준, 소고기 24.5kg, 돼지고기 20.7kg, 닭고기 44.5kg)의 육류를 소비합니다. 그렇다면 우리나라의 육류 소비량은 어떨까요? 미국, 아르헨티나, 브라질처럼 전통적으로 고기를 주식으로 하거나 축산업이 발달한 몇몇 국가를 제외하면, 아시아에서 1인당 육류 소비량이 가장 많은 나라가 바로 우리나라입니다.

농림축산식품부의 자료에 따르면, 우리나라의 1인당 연간 육류 소비량은 52kg(2014년 기준, 소고기 11.6kg, 돼지고기 24.4kg , 닭고기 15.4kg)입니다. 모든 국민이 1주일에 육류를 약 1kg씩 먹는다는 것인데 이는 평균치로, 고기 섭취량이 매우 적은 영유아나 노인 등을 제외하고 계산한다면 일반 성인의 평균 섭취량은 훨씬 더 많다는 것입니다. 이 정도면 국내 생산량만으로는 충당할 수 없는 양입니다.

국내 생산량 대비 실제 소비량은 소고기가 약 3배, 돼지고기 1.5배, 닭고기 1.1배 수준이어서 많은 양을 수입에 의존하고 있습니다. 그럼에도 국민 1인당 육류 섭취량은 2015년 53.5kg, 2016년 56kg으로 지속적으로 증가하고 있습니다. 특히 소고기 소비량은 최근 8년 동안 약 40%(2010년 609,000톤, 2018년 848,000톤)나 증가했는데, 이는 돼지고기나 닭고기의 증가율보다 훨씬 큰 폭입니다. 이렇게 소고기 소비량이 늘다 보니 현재는 소고기와 닭고기 섭취량이 거의 비슷합니다. 그런데 이는 건강을 위해 소고기보다 닭고기나 화이트미트의 섭취량을 늘리고 있는 선진국과는 사뭇 다른 양상입니다.

부의 상징이 된 소고기

우리나라에서는 여전히 돼지고기를 소고기나 닭고기보다 2배 정도 많이 소비합니다. 이러한 소비 경향에도 소고기 섭취량이 크게 늘어난 까닭을 생각해 보면 '부'에 대한 과시욕을 배제하기 어렵습니다. 이것은 세계에서 소고기 소비량이 가장 많은 미국 역시 마찬가지입니다.

미국인들도 돼지고기보다 소고기를 더 선호하는데 이는 당시 영국에서 이주해 온 미국인들이 영국의 귀족들처럼 먹고자 했던 의도가 있었기 때문이라고 합니다. 미국에 정착한 많은 사람들은 귀족들처럼 신선한 소고기 스테이크를 먹기 원했습니다. 구운 고기를 먹는 것은 자신의 부를 과시할 수 있는 기회였기 때문입니다.

고기를 구워 먹으려면 최상급의 신선한 고기가 필요합니다. 오랜 시간 일을 많이 한 늙은 소는 뻑뻑하고 질겨 품질이 떨어집니다. 품질이 떨어진 고기를 먹으려면 오랫동안 끓이는 수밖에 없습니다. 고기를 끓이거나 소금에 절이는 것은 질이 낮은 저렴한 고기를 조리하는 방법입니다. 가난하고 배고픈 이들이 주로 사용하는 방법인 것입니다.

고기를 굽는 것은 부자와 남성의 방식이 되었고, 끓이는 것은 서민과 여성의 방식이 되었습니다.

한편 돼지는 소에 비해 사육비가 많이 들지 않기 때문에 가난한 이들을 위한 고기로 간주되었습니다. 돼지는 남는 음식 찌꺼기 등을 먹여 키울 수 있었고, 소고기보다 보존하기도 쉬웠습니다. 소금에 절인 돼지고기나 오래 끓인 국은 서민을 먹여 살린 음식이었습니다. 그러나 많은 사람들이 원했던, 그리고 지금도 원하는 고기는 바로 비싸고 조리하기 어려운 소고기입니다.

우리 사회에서도 '소고기'는 뭔가 남다른 위치를 차지합니다. 명절 선물을 할 때도 소고기가 돼지고기보다 낫게 여겨지고, 회식을 할 때도 소고기를 먹으면 좋은 곳에서 잘 먹었다고 비춰지곤 합니다. 이런 문화에는 '부'에 속하고 싶은 인간의 묘한 심리가 담겨 있는 것 같습니다. 그런 면에서 아직도 소고기는 여전히 부의 상징인 듯하고, 이러한 인식이 바뀌려면 시간이 더 필요해 보입니다.

5강
육류의
영양학적 특징

    이번에는 육류(고기)가 어떤 특징을 가지고 있는지 살펴보겠습니다. 육류는 식용으로 사육되는 가축으로부터 생산됩니다. 도살 후 방혈을 하고 가죽을 제거한 후 머리와 발, 꼬리, 내장을 제거하는데 이것을 도체^{carcase}, 여기서 뼈를 제거한 살코기 부분을 정육^{fresh meat}이라 합니다. 살코기의 대부분은 근육으로, 수축과 이완이 가능한 섬유 형태의 근세포와 이를 다발로 묶어 뼈에 연결시키는 결합조직, 지방 등으로 구성되어 있습니다.

    식용으로 섭취하는 담백한 살코기는 70~75%가 수분으로 이루어져 있고 단백질이 약 20% 정도를 차지합니다. 그리고 그 외 지방과 철분, 아연 등의 각종 무기질과 B 비타민(나이아신, B12, 티아민, 리보플라빈)의 좋은 급원이 됩니다. 대개 붉은 색의 진한 부위가 흐린 부위에 비해 철분 함량이 많습니다. 고기의 색은 적색과 백색의 근섬유 구성비에 의해 정해집니다. 육류의 단백질 함량은 크게 다르지 않지만, 지방은 육류의 종류와 부위에 따라 차이가 많이 납니다. 몇 가지 육류의 지방 함량을 보면 소고기가 3.5~9.3%, 양고기 7.5~13.3%, 돼지고기 3.7~10.1%, 닭고기 1.1~9.7%, 칠면조 2.0~6.6% 입니다. 햄버거나 소시지, 햄 같은 가공육은 지방이 25%가량 되기도 합니다.

닭가슴살은 100g당 22g이 넘는 단백질을 함유하고 있지만 지방은 2.6g 정도에 불과하기 때문에 다이어터들에게 인기가 있습니다. 반면 돼지고기인 삼겹살은 중량의 절반이 지방으로 이루어져 있습니다. 만약 여러분이 삼겹살 1인분을 주문하여 드신다면 200g의 반인 100g의 지방을 섭취하게 되는 것입니다.

보통 고기를 단백질 식품으로 분류하기는 하지만, 경우에 따라 단백질보다 지방 함량이 더 많기도 합니다. 지방을 구성하는 지방산의 조성이 모두 같지는 않지만, 육류 지방에는 식물성 식품 대비 포화지방산SFA, Saturated Fatty Acids 비율이 높습니다. 또 육류 지방은 대개 포화지방산이 다가불포화지방산PUFA, Poly-Unsaturated Fatty Acids보다 많습니다. 곰국을 식혔을 때 위에 덮이는 굳은 기름이나, 고기를 먹은 후 접시에 허옇게 남아 있는 기름이 바로 포화지방입니다. 심혈관 질환의 위험요인이 되는, 건강에 좋지 않은 지방입니다.

*가식부 100g 당 (USDA data)	열량 (kcal)	단백질 (g)	지방 (g)	SFAs (g)	MUFA +PUFA (g)	콜레스 테롤 (mg)	SFAs (%)	MUFA +PUFA (%)
닭고기 다리	214	16.4	16.0	4.4	10.0	93	30	70
닭고기 가슴살	120	22.5	2.6	0.6	1.1	73	34	66
돼지고기 살코기	136	20.5	5.4	1.9	3.0	68	38	62
돼지갈비	186	20.3	11.0	2.4	3.7	58	39	61
돼지고기 안/등심	166	21.3	7.3	1.6	2.5	64	39	61
삼겹살	518	9.3	53.0	19.3	30.4	72	39	61
쇠고기 사태	128	21.8	3.9	1.3	1.9	39	40	60
소갈비	263	19.1	20.1	8.1	9.4	80	46	54
쇠고기 안/등심	247	19.6	18.2	7.3	8.5	85	46	54

몇 가지 육류 부위별 단백질 및 지방 함량

물론 절대적인 양으로만 본다면, 육류에는 지방산 합성의 최종 생산물인 단일불포화지방산MUFA, Mono-Unsaturated Fatty Acids이 가장 많습니다(40~50%, 대표적인 MUFA로는 올리브기름에 많은 올레산Oleic Acid이 있습니다).

포화지방산과 불포화지방산

그럼 포화지방산과 불포화지방산, 그리고 단일불포화지방산 등의 생소한 용어들에 대해 알아보겠습니다. 지질(지방)은 물에 녹지 않고 유기 용매에 녹는 물질을 말합니다. 보통 상온에서 고체 형태인 것을 지방fat, 액체 형태인 것을 기름oil이라고 합니다. 식품영양학에서 말하는 지방은

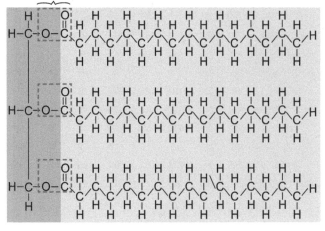

중성지방

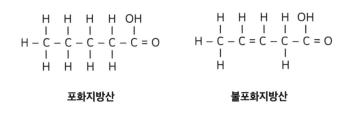

포화지방산   불포화지방산

중성지방, 포화지방산, 불포화지방산

대개 3개의 수산기를 갖는 3가 알코올인 글리세롤^{glycerol}에
3개의 지방산이 결합된 형태의 중성지방^{TG, triacylglycerol}을 말
합니다. 글리세롤 뼈대에 결합된 지방산의 종류와 비율에
따라 그 지방의 특성이 달라집니다.

　지방산^{fatty acid}은 탄소 사슬의 길이와 이중결합의 수와

위치에 따라 여러 종류가 있습니다. 탄소사슬이 이중결합 없이 연결되어 있으면 포화지방산, 이중결합이 1개 있으면 단일불포화지방산, 2개 이상의 이중결합을 가지고 있으면 다가불포화지방산이 됩니다. 또한 이중결합의 위치에 따라 오메가9, 오메가6, 오메가3지방산으로 분류됩니다.

대부분의 지방산은 체내에서 만들어질 수 있지만, 인체 내에서 합성되지 않는 지방산을 '필수 지방산'이라고 합니다. 바로 오메가6계의 리놀레산과 오메가3계의 리놀렌산으로, 이 두 가지 지방산은 반드시 음식을 통해 섭취해야 합니다. 참고로, 식품이나 인체에 들어 있는 지방의 95%가 중성지방이고, 그 성질이 지방산에 의해 달라지기 때문에 흔히 지방과 지방산을 혼용해서 씁니다. 예를 들어 중성지방 형태나 포화지방산이 많으면 포화지방, 불포화지방산이 많으면 불포화지방, 오메가3지방산이 많으면 오메가3지방 등으로 말이지요.

한편, 지방을 그 기원에 따라 동물성지방과 식물성지방으로 나누기도 합니다. 대부분의 동물성지방은 포화지방산이 많아 실온에서 고체이고, 식물성지방은 불포화지방산 함량이 많아 액체입니다. 그렇지만 항상 예외는 있습니다. 생선기름은 동물에서 유래되지만 다가불포화지방산이 많아 실온에서 액체이고, 팜유와 야자유는 식물성이지만 포화지방산이 많아 고체입니다. 또 다른 예로 마가린은 불포화지방산이 많은 식물성 기름에 부분적으로 수소를 첨가하여 이중결합을 없앤 후, 포화지방산으로 바꿔 고체 형태로 만든 것입니다. 그래서 출생은 식물이지만 버터와 같이 실온에서 고체에 가깝고 성질도 포화지방산과 비슷합니다. 지방은 육류의 지방이나 식용유처럼 육안으로 확인 가능한 경우도 있지만 눈으로 식별하기 어려운 것도 있습니다. 예를 들어 살코기나 우유, 크림치즈, 마요네즈, 감자튀김 등에도 보이지 않는 지방이 많이 들어 있습니다.

섭취된 지방은 담즙의 도움으로 유화되고, 지방분해효소에 의해 지방산과 모노아실글리세롤monoacylglycerol로 분해되어 흡수됩니다. 장 세포에서 재조합된 중성지방은 콜레스테롤이나 인지질, 다른 지용성물질과 함께 카일로미크론chylomicron이라는 지단백질을 형성하여 체내로 수송됩니다. 포화지방산이나 불포화지방산 등 어떤 지방산이 결합되어 있는지에 따라 체내 지단백질의 대사에 차이가 생기게 되고, 궁극적으로 인체에 미치는 영향도 달라집니다.

레드미트와 화이트미트

건강에는 '레드미트red meat'가 좋지 않다, 건강을 위해서는 '화이트미트white meat'를 먹어야 한다는 등의 말들이 자주 오갑니다. 그러나 육류를 '레드미트(붉은고기)'와 '화이트미트(흰고기)'로 딱 떨어지게 분류하기는 어렵습니다. 일반적으로 진한 색을 가진, 소, 양, 돼지, 염소 등 다 자란 포유류의 고기 또는 이것들을 활용한 육류 가공품을 레드미트라 합니다. 반면 닭고기나 칠면조 등의 육류는 이들에 비해 색이 연하여 화이트미트라 불립니다. 그렇지만 때때로 어린 송아지나 양, 토끼, 거위 등의 고기를 화이트미트에 포함시키기도 합니다. 또는 경우에 따라 지방이 많은 오리와 거위를 레드미트로 구분하기도 하지요.

고기의 색은 근섬유의 구성 비율에 따라 달라지지만, 영양학적 분류로는 철 함유 단백질인 미오글로빈myoglobin이 많은 것이 레드미트입니다. 미국 농무부U.S. Department of Agriculture, USDA는 가축에서 유래된 모든 육류를 레드미트라고 하는데, 이것들은 분명 닭고기나 생선에 비하여 미오글로빈 함량이 많습니다. 미오글로빈은 근육조직에 있는 철 결합 단백질로 근육에서 산소를 저장, 운반하는 역할을 합니다. 혈액이 붉은색인 것은 산소를 운반하는 헤모글로빈 단백질 때문이고, 근육이 붉은색인 것은 미오글로빈 때문입니다. 운동을 많이 하는 조직은 산소를 더 많이 필요로 하고 이 때문에 미오글로빈이 많아져 더 진하게 보입니다.

한편 축산업자들은 건강과 관련된 레드미트의 부정적인 인식을 탈피하고자 돼지고기를 화이트미트라 주장하기도 합니다. 또 일반적으로 닭고기를 레드미트에 포함시키지는 않지만 닭다리와 같이 운동을 많이 하는 부위는 미오글로빈 함량이 많아 레드미트에, 닭가슴살은 화이트미트에 포함시키기도 합니다. 일반적으로 색이 진한 고기는 단위 중량당 지방도 많아 색이 연한 것보다 포화지방 함량이 2.5배 이상 많기도 합니다.

육류는 종류도 많고 고기의 영양성분은 품종과 환경, 지리적 위치, 계절 및 사료 등에 따라 다르기 때문에 일반화하기는 어렵습니다. 그래서 여기서는 우리가 주로 먹고 있는 고기인 소, 양, 돼지고기 정도로 한정하여 보겠습니다. 이들은 대개 단백질, 철분, 아연, 셀레늄, 구리, 나이아신, 비타민 B12, B6, 엽산 등의 급원이 되는 식품입니다. 소화율이 좋은 단백질로 구성되어 있으며 필수 아미노산의 구성비가 우수합니다. 개별적으로 돼지고기는 소고기보다 셀레늄과 티아민, 나이아신 함량이 많습니다.

고기의 영양 성분은 부위에 따라 크게 다르다는 것을 차치하고라도, 그들이 먹는 음식, 곧 사료와 생산 방식에 따라서도 차이가 많이 납니다. 그래서 오늘날 우리가 먹는 고기는 과거 우리 조상들이 먹었던 그런 고기와는 상당히 다릅니다. 현재 대부분의 고기는 한정된 공간에서 인위적인 사료를 먹여 키웁니다. 근육을 늘리고 지방의 함량을 높여 부드럽고 맛있게 만들기 위해서입니다.

부드러운 고기 맛을 결정짓는 조건

부드러운 고기 맛을 결정짓는 조건에는 여러 가지가 있겠지만 일단 콜라겐 함량이 적어야 합니다. 콜라겐이란 결합조직의 주성분으로 피부와 뼈, 인대, 혈관 등의 구조를 유지해 주는 단백질입니다. 콜라겐 함량은 근육에 따라 차이가 있는데, 다리 근육처럼 운동을 많이 하는 근육은 콜라겐 함량이 많습니다. 반면 부드러운 고기는 척추나 갈비처럼 몸통을 지지하는 부위입니다.

그러나 무엇보다 부드러운 고기 맛의 핵심은 마블링에 있습니다. 마블링은 지방이 근섬유 사이사이에 쌓이는 것을 말합니다. 식당에서 흔히 '특급'으로 손꼽히는 '꽃등심'을 떠올리면 되지요. 마블링이 잘 되어 있는 것은 근육 내부에 하얀 지방이 골고루 퍼져 있어, 붉은 색의 근육 부위가 별로 보이지 않습니다. 지방이 근육보다 부드럽기 때문에 마블링은 고기를 부드럽게 만들 뿐만 아니라 육즙도 풍부하게 합니다. 그래서 '입안에서 살살 녹는' 느낌을 주는 것입니다.

일본의 특별한 소고기를 칭하는 '와규', 그중에서도 '고베규'는 부드럽고 맛있는 고기의 대명사처럼 여겨지고 있습니다. 일본에서 전통적으로 생산되는 고베규는 가격이 비싸기는 하지만 '뜨거운 버터를 바른 실크보다 더 부드럽다'는 칭찬을 받을 정도로 맛이 뛰어납니다. 언젠가 일본 여행을 하면서 맛보았던 딱 한 점의 와규 맛을 잊을 수 없습니다. 그야말로 입에 넣었을 때 살살 녹는 맛이었습니다. 실제 맛도 좋았지만 어쩌면 딱 한 조각이었기에 더 맛있게 먹었는지도 모르겠습니다.

미국, 일본뿐 아니라 우리나라에서도 지방 함유량이 높고 색이 선홍색인 고기일수록 좋은 등급을 받습니다. 등급을 결정짓는 가장 중요한 기준이 마블링이니까요. 최고 등급으로 치는 투플러스(1++)는 마블링이 대리석 무늬처럼 촘촘하게 박혀 있습니다. 위에서 말한 일본의 와규나 미국의 '앵거스 비프'는 지방 축적이 잘 되는 가축의 품종에서 얻어집니다. 그러나 보통은 가축에게 주는 먹이가 마블링을 결정짓게 됩니다. 가축이 먹는 풀이나 곡물이 어떤 것이냐에 따라 지방은 물론 영양성분의 조성과 풍미가 달라지는 것이지요.

예를 들어 건초를 먹여 키운 호주산 고기는 곡물 사료로 사육된 미국 고기보다 상대적으로 포화지방(SFA)의 함량은 낮고, 다가불포화지방산(PUFA)과 오메가3지방 함량이 높은 것으로 보고되었습니다. 그러나 실제 고베나 앵거스 소는 풀만 먹는 종이 아닙니다. 자유롭게 돌아다니며 들판의 풀을 뜯어 먹고 자란 소와 오늘날 옥수수 사료를 먹여 키운 소는 그 성분이 다릅니다. 그런데 풀을 먹고 자란 소가 더 맛있다고 생각하는 사람들은 별로 없는 것 같습니다. 대다수의 미국인은 물론 우리나라 사람들도 어려서부터 먹어 온, 옥수수를 먹여 키운 소고기를 더 맛있다고 합니다. 그러니 풍미와 마블링이 잘 된 우수한 등급의 고기를 얻기 위해 건초보다는 곡물을 많이 먹이고, 움직임을 줄이게 하여 기름지게 만드는 것입니다.

콜레스테롤과 지단백질

과도한 육식은 혈관성 질환, 특별히 심뇌혈관 질환의 핵심 위험 요인으로 지적되고 있습니다. 혈액이 이동하는 통로인 혈관은 한시도 쉴 틈이 없는 인체의 파이프라인입니다. 혈액은 흡수된 영양소, 산소, 호르몬, 면역물질 등을 운반하여 체내의 각 조직과 세포에 전달합니다. 젊은 혈관은 깨끗하고 탄력성이 있어 심장으로부터 분출된 혈액을 받아 빠르게 필요한 곳으로 보냅니다. 반면 오래된 수도관에 이물질이 쌓이고 녹이 스는 것처럼 노화된 혈관은 이와 유사하게 퇴화됩니다. 노화된 혈관은 수축, 이완의 운동성이 떨어지게 되고, 혈관내막 역시 거칠어지고 딱딱해집니다. 혈관 내강을 좁게 만드는 원인인 플라크plaque는 주로 산화된 지단백질lipoprotein, 특히 혈중 콜레스테롤을 운반하는 LDLLow Density Lipoprotein(저밀도지단백질)이 산화되면서 염증반응 생성물과 함께 축적된 덩어리입니다.

콜레스테롤은 세포막의 구성 성분이자 담즙산염, 성호르몬, 비타민 D 전구체로 우리 몸에 꼭 필요한 물질입니다. 그런데 콜레스테롤은 '지질'이어서 물에 녹지 않습니다. 혈액을 통해 필요한 곳으로 이동하려면 단백질의 도움이 필요하지요. 그래서 만들어진 것이 지단백질이고, 지단백질은 콜레스테롤을 포함한 지질의 운반체가 됩니다. 즉 혈액에 있는 중성지방이나 콜레스테롤은 바로 지단백질 형태로 존재하고 있는 것입니다.

지단백질은 구성비와 밀도에 따라 여러 종류로 나뉩니다. LDL은 간에서 합성된 콜레스테롤을 각 조직으로 이동시키는 역할을 하고, HDL$^{\text{high density lipoprotein}}$(고밀도지단백질)은 콜레스테롤을 체외로 내보낼 수 있도록 간으로 운반합니다. 그런데 혈액 내 콜레스테롤, 특히 LDL 콜레스테롤이 너무 많으면 동맥경화를 비롯한 심혈관 질환의 위험이 높아집니다. 반면, HDL은 심혈관 질환 예방 효과를 가집니다. 그래서 LDL을 '나쁜 콜레스테롤', HDL을 '좋은 콜레스테롤'이라 부르는 것입니다.

LDL이 활성산소의 공격을 받아 산화된, 산화-LDL은 혈관내벽 세포에 상처를 입히고, 염증반응을 유발합니다. 상처 난 혈관의 면역세포들과 함께 산화-LDL 분해산물 등이 축적되면서 플라크를 형성합니다. 플라크가 커지고 쌓이면 혈관내막은 딱딱해지면서 탄력성을 잃게 되고, 혈관 내강은 좁아지게 됩니다.

또 콜레스테롤과 중성지방 등 지질이 많아진 혈액은 흘러가기 힘들어집니다. 혈관내막이 받는 압력이 커지면서 혈압이 상승하게 됩니다. 혈액은 온몸으로 순환해야 하는데, 특히 동맥에 경화가 생기면 혈액의 흐름이 원활하지 못하게 되어 협심증, 심근경색, 뇌경색 등 뇌심혈관계 질환 발생 위험이 더욱 높아지게 됩니다.

육류 섭취가 건강에 미치는 영향

레드미트로 일컫는 육류와 육가공품의 섭취량이 늘어나면서 서구에서는 이와 관련한 많은 연구가 수행되어 왔습니다. 레드미트와 육가공품의 섭취가 많아질수록 심혈관 질환이나 암으로 인한 사망률이 증가하는 것으로 보고되었지요. 레드미트의 아라키돈산arachidonic acid, 헴철heme iron, 호모시스테인homocystein, 포화지방산 등이 문제의 핵심 요인으로 제기되었습니다.

육류는 기본적으로 지방이 많은 식품입니다. 육류 섭취량과 함께 에너지 섭취량이 늘어나면서 비만이나 심혈관 질환, 암 등의 위험이 높아졌습니다. 그러니 지방을 탓할 수밖에 없었겠지요. 지방을 많이 섭취하면 지방 소화에 필요한 담즙의 분비와 2차 담즙산염 등이 많아집니다. 발암물질 생성 가능성이 높아지는 것입니다. 특히 포화지방산은 콜레스테롤의 합성을 증가시키고, 혈액의 LDL 콜레스테롤을 높여 고콜레스테롤혈증 및 혈관 질환의 위험을 높입니다. 또한 포화지방산 섭취량이 많아지면 장내 유리지방산이 칼슘과 결합하여 칼슘의 흡수를 저하시킵니다.

육류 단백질은 메티오닌methionine이나 시스틴cystine 같은 황 함유 아미노산이 많은데, 이것 역시 그리 좋다고만 할 수는 없습니다. 이것들이 체내에서 대사되면서 산성 물질을 만들어 내는데, 이를 중화하기 위해 칼슘의 소모량이 증가하기 때문입니다. 동물성 단백질 섭취량이 많은 지역에서 오히려 골다공증 발생 비율이 높은 것과 무관하지 않은 이유입니다.

앞서 설명한 것처럼 육류 단백질을 과하게 섭취하면 간과 신장에서의 아미노산 대사와 요소 합성, 배설을 위한 부담이 증가됩니다. 설상가상으로 대장암, 결장암, 유방암의 발병 또한 육류 섭취량과 상관성이 높습니다.

최근의 한 메타 분석 연구에서는 그 원인을 레드미트보다 '가공육' 때문이라고 지목하였습니다. 하루 50g의 가공육을 섭취하면 심장 질환의 위험도가 42% 증가한다는 것입니다. 다시 말해 매일 핫도그를 한 개씩 먹으면 심장병 발병 위험이 42% 높아진다는 것이지요. 그리고 그 원인이 되는 요소를 지방보다는 소금이나 보존료, 발색제, 니트로사민, 헤테로사이클릭아민 등으로 추정하였습니다. 대신 단백질의 급원을 레드미트가 아닌 생선이나 콩류, 저지방 유제품, 가금류, 통곡물과 견과류로 대체하면 사망률을 줄일 수 있다고 발표하였습니다. 이들 식품에 대해서는 뒤에서 자세히 살펴보겠습니다.

가공육의 딜레마

오래전부터 고기의 보관 기간을 늘리고 맛과 풍미를 더하기 위한 목적으로 가공육을 만들었습니다. 오늘날에는 햄과 소시지, 베이컨 등 다양한 육가공품들이 존재합니다.

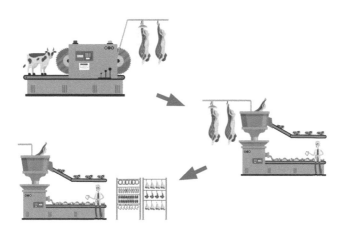

가공육 생성 과정

도살 직후의 고기는 부드럽지만, 근육이 곧 수축하면서 딱딱해집니다. 딱딱한 고기는 인기가 없지요. 그래서 맛의 손실을 최소화시키기 위해 생각해 낸 방법이 가축의 사체를 매달아 중력에 의해 근육이 늘어지게 하는 것입니다. 시간이 지나면서 근육에 들어 있는 효소가 작용하여 고기가 부드러워지고 맛도 좋아집니다.

한편 이러한 연화나 숙성 후에는 고기의 부패 위험 또한 높아집니다. 부패는 가축의 내장 등에 존재했던 미생물은 물론, 도축 과정에 의한 오염이나 지방의 산패를 포함합니다. 가공은 이런 부패를 줄이거나 방지하기 위한 조치입니다. 고기를 보존하기 위한 대표적인 방법으로는 건조와 훈제, 염장 등이 있습니다. 훈연은 연기의 항균물질과 항산화물질을 이용하여 지방의 부패를 지연시키는 방법입니다. 그러나 이때 발생하는 다양한 화학물질 중, 발암물질로 대표적인 PAH^{Polycyclic Aromatic Hydrocarbon}가 고기에 축적될 수 있다는 위험이 있습니다.

염장은 미생물 증식에 필요한 수분을 제거하는 방법으로 염분이 많으면 단백질 조직이 늘어나고 고기가 투명해집니다. 소시지나 햄도 기본적으로는 고기에 소금을 처리하여 만든 염장고기입니다. 소시지는 고기를 잘게 썰어 소금을 친 후, 먹을 수 있는 관에 채운 것이지요. 전통적인 방법으로 만들어진 소시지는 동물의 내장을 외피로 사용하고, 혼합물의 1/3 이상이 지방일 정도로 지방 함량이 높습니다. 오늘날에는 인공 외피를 이용하고, 통상적인 고기와 지방 혼합물 또는 기타의 다른 여러 재료를 첨가하기도 합니다. 또한 이 과정에서 새로운 풍미와 식감이 만들어지기도 합니다.

가공육은 고기를 통째로 갈아 다른 형태로 만들 수도 있고, 혼합육을 이용하기도 합니다. 본디 혼합육은 귀한 고기를 하나도 남김없이 먹기 위한 방법이었습니다. 그런데 오늘날에는 값이 싸고 질이 떨어진 고기를 숨기기 위해 사용한다는 부정적인 이미지가 없지 않습니다. 가공육을 만들 때는 방부제와 향신료 등 기타 첨가물을 사용하는 경우가 많습니다. 특히 질산칼륨 같은 보존제나 아질산염은 세균 증식이나 산패를 막고 고기에 풍미와 색을 더해 주기 때문에 많이 사용되어 왔습니다.

아질산염은 염장 고기를 만들기 위해 오랫동안 사용되었던 화학물질로, 보툴리누스^{botulinus} 식중독을 일으키는 박테리아의 성장을 억제합니다. 전통적인 방법으로 햄을 만들 때에는 숙성 과정 중에 박테리아가 자연스럽게 질산염을 아질산염으로 만들어 냈지만, 이제는 직접 정제 아질산염을 사용합니다. 가공육의 독특한 맛과 밝은 분홍빛은 바로 이 아질산염 때문입니다. 그런데 질산염과 아질산염은 음식 성분과 반응하면 니트로사민^{nitrosamine}을 형성할 수 있습니다. 니트로사민은 DNA의 손상을 일으키는 강력한 발암물질로 알려져 있습니다.

이러한 아미노산과 아질산염의 반응은 우리 소화기 내에서도 일어날 수 있고, 아주 뜨거운 프라이팬에서도 일어날 수 있습니다. 그래서 가급적 염장 고기는 적게 먹고, 약한 불에서 고기를 익혀 먹어야 한다는 것입니다. 아직 가공육의 아질산염이 암 발병 위험을 증가시킨다는 분명한 증거가 나온 것은 아니지만, 염장 가공육의 섭취를 절제하는 것은 여러모로 권장할 만합니다.

식사 혁명 ————

제3부

동물은 인간에게
어떤 존재인가

6강
동물의 가축화,
사냥에서 사육으로

우리는 여러 동물들과 함께 살아가고 있습니다. 강아지나 고양이처럼 집안에서 함께 지내는 동물도 있고, 도시에서 키우기는 어렵지만 아직도 초등학교 앞에서는 병아리를 팔기도 합니다. 우리는 이런 동물들이 식용 가축인지 아닌지를 금세 판단합니다. 식용이냐 아니냐에 따라 자연스럽게 차별 대우를 합니다. 병아리가 자라면 닭이 된다는 것을 아는 아이들까지도 밥상 위에 올라온 치킨을 보고 자신이 기르는 병아리를 떠올리지는 않습니다. 만약 누군가가 집에서 키우는 강아지를 보고 입맛을 다신다면, 아마 주인은 경악을 금치 못할 것입니다.

가정에서 키우는 개나 고양이, 새 등을 애완동물^{pet} animals이라고 합니다. 그런데 어느새 '반려동물^{companion animals}'

이라는 용어가 등장하더니 이제는 반려견, 반려묘라는 말이 애완견, 애완묘라는 말보다 더 익숙해졌습니다. 반려동물이라는 용어는 1980년대 초 인간과 애완동물의 관계를 주제로 열린 국제 심포지엄에서 처음 제안되었습니다. 동물이 인간에게 주는 여러 혜택을 존중하여 자칫 장난감처럼 여길 수 있는 애완동물의 가치를 재인식하자는 취지에서였습니다. 애완동물이 '사랑스러워 가까이 두고 싶은 동물'을 뜻한다면, 반려동물은 '사람과 더불어 살아가는 동물'을 의미합니다. 인간과 동물이 주종이 아닌 동등한 상호관계를 맺고 있음을 강조하는 것입니다.

인간이 동물을 가까이 두고 살면서 동물로부터 받아온 혜택은 시대에 따라 조금씩 다릅니다. 인간과 동물의 관계가 시작된 것은 언제부터였으며, 동물은 인간에게 어떠한 존재였을까요? 왜 어떤 동물은 가축이 되고, 중요한 식자원으로 사용되게 되었는지 궁금해집니다.

인간과 동물의 오래된 관계

오래된 동굴벽화에는 동물이 자주 등장합니다. 당시 사람들과 동물들이 꽤 밀접한 관계였음을 짐작하게 합니다. 그러나 당시의 동물은 지금처럼 사랑이 넘치는 동반자적 관계라기보다는 두려움의 대상이었을 것입니다. 덩치가 그리 크지 않은 인간에게 동물은 피해야 할, 또는 생존을

가축화된 동물들

위해 다퉈야 할 존재였을 것입니다. 꼭 사자나 호랑이, 곰과 같은 맹수가 아니더라도, 독수리나 매 같은 조류 역시 신체적으로는 인간을 압도할 만큼 그 크기가 컸으니까요.

인간이 집단을 이루고 정착하여 살게 된 곳은 동물에게도 먹거리를 찾기 쉬운 곳이었습니다. 인간과 동물이 가까이 살았기 때문에 일부 야생 동물이 인간 거주지에 접근하여 맴돌 때 인간은 다음과 같은 선택을 해야 했습니다. '내칠 것인가, 아니면 거두어 덕을 볼 것인가?' 그들은 분명 인간의 식량을 탐내는 적이었고, 싸움에서 밀리면 자칫 생명까지도 위태로워질 수 있었습니다. 운이 좋게도 몇몇 지혜로운 이들 덕분에 동물은 인간에게 도움이 되는 새로운 존재로 변모합니다. 인간과 동물이 더불어 살게 된 것이지요. 이들에게는 '가축(家畜)'이라는 새로운 이름이 주어집니다. '가축'이라는 우리말은 '집에서 기르는 짐승'으로 풀이되며 소, 말, 돼지, 닭, 개 따위를 통틀어 이릅니다. 반면 영문의 가축domesticated animals은 기르는 목적에 따라 펫pets 또는 라이브스톡livestock으로 구분됩니다. 라이브스톡은 우리말로는 동일하게 가축으로 번역되지만 농장에서 사육되거나 노동, 재화를 생산해 내는 동물을 의미합니다. 이렇게 야생 동물이 가축이 되는 과정을 '가축화'라고 합니다.

위키피디아에는 가축화domestication가 '야생 짐승을 길러 번식하게 하고, 사람의 삶에 유용한 성질을 갖는 개체를 선발하는 것, 또는 동물이 사람을 따르도록 길들이는 일'이라 정의되어 있습니다. 축산용어사전에는, 국문으로 쓰인 '가축화'라는 항목 대신, 영문 'domestication'을 '순화'라고 번역하여, '동물이 원래 가지고 있던 야성적 기질을 길들여 인간과 보다 친숙해지게 하고 공동체화 시키는 과정'으로 풀이하고 있습니다. 사실 영문 'domestication'은 동물 가축화animal domestication뿐 아니라 식물 작물화plant domestication도 포함합니다. 그러나 보통 domestication이라고 하면 동물의 가축화만을 의미하기도 하고, 국문의 가축에도 이미 짐승을 뜻하는 한자인 축(畜)을 쓰고 있으므로, 가축화라

하면 보통 동물 가축화를 칭하는 것입니다.

가축화에 대한 학문적 정의는 사전적 정의보다 더 정교합니다. 『인류학 연구지Journal of Anthropological Research』에 발표된 논문 「동물의 가축화The Domestication of Animals」에 따르면 가축화는 '여러 세대에 걸쳐 나타나는 인간과 동물의 지속적인 상호공생 관계'로 '동물의 번식에 인간이 통제권을 가지게 되면서 인간에게는 자원의 안정성, 동물에게는 생존의 안정성이 확보되었고, 이러한 관계를 통해 인간과 동물 간의 상호 적합성이 강화'되었다고 설명하고 있습니다. 가축화는 동물에게 영구적인 유전적 변이가 발생한다는 의미를 포함합니다. 때문에 동물의 본능적 행동을 훈련으로 수정한다는 의미의 '길들이기taming'와는 구별되는 개념입니다.

개는 언제부터 가축화되었을까

인간에 의해 길들여진 최초의 동물은 개입니다. 개의 가축화 시기에 대해서는 학자들 간에도 의견이 분분합니다. 그간 학계에서는 개의 가축화 시점을 1만 5천 년 전으로 추정하였습니다. 이는 독일 지역에서 발굴된, 늑대와 확연히 구별되는 가장 오래된 개 화석을 근거로 한 것입니다. 그런데 최근 개의 가축화 시기를 앞당기는 논문이 발표되었습니다. 『네이처 커뮤니케이션즈Nature Communications』의 한 논문에서 독일에서 발굴된 선사시대 개 두 마리의 DNA를 분석한 결과, 개의 가축화 시점이 2만 년~4만 년 전으로 추정된다고 발표한 것입니다. 개가 인간과 함께 만들어 온 역사가 약 4만 년이나 되었다는 사실이 그다지 놀랍지는 않습니다. 지금까지도 개는 인간과 가장 가까운 동물임이 분명하니까요.

오늘날 우리에게 익숙한 가축들은 대부분 기원전 8천 년~2천 5백 년 사이에 가축화된 것으로 알려져 있습니다. 양과 염소, 돼지, 소는 약 1만 년 전 중동지역에서, 말은 약 6천 년 전 중앙아시아에서 가축화되었습니다. 바야흐로 수렵, 채집 생활을 하던 떠돌이 인류가 일정한 지역에 머무르며 농경 생활을 시작하게 된 시기입니다. 농경에 적합한 비옥한 땅은 동물들에게도 풍부한 먹거리가 있는 살기 좋은 곳이었습니다. 인간과 동물이 지근거리에서 머물며 살게 된 것입니다.

인간이 사는 곳에는 물과 먹이가 충분하였고 먹거리를 찾던 일부 야생 동물이 인간의 영역으로 접근합니다. 이때 인간들은 이전에는 시도하지 못했던 대단한 선택을 합니다. 용감한, 어쩌면 엉뚱한 몇몇이 동물들을 자신의 울타리 안으로 받아들인 것입니다. '쫓아낼 것인가, 가까이 둘 것인가?'의 망설임 속에서 후자 쪽으로 과감한 결단을 내린 인간은 결국 자신들의 울타리 안에 동물을 가두고 길들이는 데 성공합니다.

가축화되는 동물의 특징

인류 문명의 발달사를 흥미롭게 해석한 재레드 다이아몬드^{Jared Diamond}의 역작 『총, 균, 쇠』에서도 가축화를 비중 있게 다루고 있습니다. 다이아몬드는 포유류, 조류, 곤충 등 가축화된 다양한 동물 중에서 고기와 젖, 털, 노동력 등을 제공하며 인간 사회에 중요한 역할을 했던 대형 포유류의 가축화에 주목합니다. 그는 "행복한 가정은 모두 엇비슷하고 불행한 가정은 불행한 이유가 제각기 다르다"는 톨스토이의 소설 『안나 카레니나』의 첫 구절에 빗대어 일부 동물만이 가축화된 이유를 설명하고 있습니다. 가축화할 수 있는 동물은 모두 엇비슷하고, 가축화할 수 없는 동물은 그 이유가 제각기 다르다는 것입니다.

고대의 인간이 가축화한 동물은 어느 정도 덩치가 크고 육지에 사는 포유류로 초식 또는 잡식동물이었습니다. 지구상에 존재하는 45kg 이상의 초식성 육서 포유류 148종 중 가축화된 동물은 양과 염소, 돼지, 소, 말 5종을 포함한 14종뿐입니다. 가축화된 동물들은 까다롭지 않은 식성에 빨리 자라며 번식시키기가 쉽고, 온순한 성격으로 위험에 예민하게 반응하지 않으며, 우열위계가 발달된 무리에서 생활한다는 공통점이 있습니다. 가축 사육의 관점에서는 이러한 공통점을 생산 효율성과 관리 용이성으로 구분하여 생각해 볼 수 있습니다. 식성과 성장 속도, 번식 용이성은 생산 효율성과 관련됩니다. 식성은 생물자원의 환원 효율(공급자의

생물자원이 소비자의 생물자원으로 환원되는 효율)로 설명
됩니다. 식물이나 다른 동물을 먹고 사는 동물의 생물자원
환원 효율은 대개 10% 수준이라고 합니다.

이를 가축화할 수 있는 동물과 그렇지 않은 동물에 적
용해 보면, 체중 450kg의 소를 키우는 데는 옥수수 4,500kg
이 필요하고, 450kg의 육식 동물을 키우려면 초식 동물
4,500kg을 먹여야 하니 결과적으로 옥수수 45,000kg이 투
입되어야 한다는 계산이 나옵니다. 투입 곡물량 대비 소 한
마리의 생물자원 환원 효율성이 육식 동물에 비해 훨씬 높
은 셈입니다. 환원 효율성은 성장과도 관련이 있습니다. 성
장이 느린 동물이라면 매우 많은 시간을 투입해야 하니 적
합하지 않습니다. 또, 가둬진 상태에서 인간의 통제 하에 번
식할 수 없는 동물이라면 먹이와 시간을 투입하여도 산출
되는 것이 없으니 가축화되기 힘듭니다.

성격이나 위험 반응 양식, 무리 생활은 관리 용이성과
연관되는 특징입니다. 가축화되는 동물은 천부적으로 사람
을 좋아하는 성질을 지니고 있으며 지나치게 예민하지도
않습니다. 영양이나 가젤과 같은 종들을 가둬 두면 도망가
려는 본능이 강해 끊임없이 탈출하려고 하기 때문에 사육
하기가 어렵습니다. 또 사람을 지배자로 인정하고 성장한
후에도 사람의 영향력 아래에 있어야 하므로, 공동체 내에
위계질서가 있고 우열관계를 따르는 행동양식을 가진 동물
이어야 가축화하기가 용이합니다.

'양날의 검'이 된 가축화

인류가 일부 동물을 가축화하기 이전으로 돌아가 보겠습니다. 2008년 이스라엘에서 발굴된 고대 샤먼 무덤은 최초의 인간 군집생활을 유추하게 합니다. 약 1만 5천 년 전에 만들어진 이 무덤은, 나투프 문화Natuf culture라는 이름의 생활양식을 보여주었습니다. 나투프인들은 곡물을 저장하면서 약 100명 단위의 공동체를 이루며 정착생활을 하였는데, 이들은 야생식물을 채집했을 뿐 재배를 하지는 않았다고 합니다.

1만 년 전으로 추정되는 터키 차탈휘익Catal Hoyuk 공동체는 3천 명 정도가 군집생활을 하였고, 약 8천 년 전 수메르 지역(메소포타미아 남쪽 지방, 오늘날의 이라크 남부 지역)에서는 10만 평에 3만 명 이상이 모여 살았습니다. 이때를 인류 문명이 본격적으로 발달하게 된 시기로 여깁니다. 이후 이집트 나일 강 근역에 생성된 수많은 도시국가에서 작물을 수확하고 가축을 사육하게 되면서 인류 문명은 꽃피게 됩니다.

채집, 수렵사회에서 농경사회로 전환하면서 인류는 먹거리를 찾아 헤매는 방랑생활과 이별합니다. 한곳에 머물러 정착하였고, 작물을 재배하고 가축을 사육하였습니다. 인간이 동물을 가축화하는 데 성공한 것은 농경과 함께 인류 식생활에 변혁을 가져온 대사건이자, 문명 발달의 원천이 되었습니다. 덕분에 식량 생산량이 증가하고 잉여 식량

가축화 전후의 돼지 모습 비교

이 생겼습니다. 곡물과 고기 등의 생산을 예측하고 잉여 식량을 저장하는 방법을 찾았습니다. 잉여 생산물을 보관하고 저장하게 된 인류는 비로소 굶주림의 두려움에서 한 걸음 물러설 수 있게 되었습니다. 안정적으로 확보된 식량 덕분에 인구가 폭발적으로 증가하였습니다. 인류는 생사의 기로에서 벗어나게 되었고 비로소 문명의 시대가 시작됩니다.

동물에게 가축화는 '양날의 검'과 같습니다. 야생의 동물은 다변하는 환경에 적응하는 능력이 탁월합니다. 같은 종이라도 특정 환경에 따라 다른 유전적 다양성을 갖습니다. 생존하기 위해서입니다. 반면 인간에 의해 주어진 환경에서 살게 된, 가축화된 동물은 그럴 필요가 없습니다. 안전한 생활을 담보로 인간에게 젖과 고기, 털, 가죽을 내어주면서 자신의 생명과 자손의 미래를 온전히 인간에게 맡기게 된 것입니다. 그리고 인간이 원하는 '바람직한' 형질로 선택되어 번식하게 됩니다. 그런데 이것이 동물의 생존에 진정 유리한지는 알 수 없습니다.

가축화된 동물은 대체로 크기가 작고 얼룩무늬를 띱니다. 얼굴과 뿔, 그리고 이빨의 크기와 개수가 작고 근육이 약합니다. 가축화된 동물에서 발견되는 대표적인 결함으로는 무뎌진 관절, 팔다리뼈의 융합 지체, 털의 변화, 지방 축적량 증가, 행동 패턴 단순화, 미성숙 상태 연장, 병리학적 이상의 증가 등이 있습니다. 또한 인간의 보호 하에 안전하게 살게 되면서 뇌의 크기도 줄어듭니다. 야생 본능인 반응적 공격성을 담당하는 부분이 줄어든 것이라고 합니다.

또한 동물을 매개로 한 감염성 질병은 대표적인 가축화의 부작용으로 지적되고 있습니다. 아이러니하게도 가축화된 동물은 인간에게 안정적인 식량 공급원이 되는 동시에 치명적인 균과 전염병의 근원과 매개체가 되었습니다. 종의 다양성, 유전자 다양성이 결여된 가축들은 환경 변화를 잘 견뎌내지 못합니다. 때문에 균과 전염병에 취약할 수밖에 없습니다. 소는 다양한 바이러스성 독감, 홍역, 결핵 등의 질병을 옮기고, 돼지와 오리는 독감의 매개체가 되어 인간에게 질병을 전파합니다. 또한 가축은 많은 기생충들의 근원이 되기도 합니다.

농경생활과 가축화로 인류의 수는 크게 증가했으나 오히려 병원체의 새로운 숙주가 되기에도 충분한 조건이 되었습니다. 농업혁명으로 시작된 문명과 함께 인류의 질병이 나타나기 시작한 것이 이러한 사실을 방증합니다. 동물을 향한 양날의 검은 인간에게도 똑같이 겨눠지고 있습니다.

7강
공장식 축산업으로
잃어가는 것들

세계적으로 도축되는 동물의 수는 연간 약 650억 마리로, 2017년 기준 세계 인구인 76억 명의 9배에 달하는 수치입니다. 도대체 그 많은 동물들은 어디서 어떻게 사육되고, 또 죽어가는 걸까요? 육식은 지금껏 인류에게 맛과 즐거움을 가져다 주었지만 이제는 조금씩 우리 생태계의 무거운 부담으로 다가오고 있습니다.

45억 년의 지구 역사를 보면 많은 생명체가 사라진 대멸종 사건이 다섯 차례 있었다고 합니다. 전문가들은 머지않아 지구 역사상 가장 큰 멸종을 맞게 될 수도 있다고 우려합니다. 바로 여섯 번째 대멸종입니다. 그런데 여섯 번째 대멸종은 과거의 천재지변과는 다를 것이라고 합니다. 특히 멸종하는 동물의 종 측면에서 말입니다. 인간의 무분별한 개발로 인해 서식지를 잃고 사라지는 동물의 멸종 속도가 자연적으로 멸종되는 속도보다 100배에서 1천 배나 빠르다고 합니다. 이러한 속도라면 향후 50년 내에 현존하는 생물의 1/3이 사라질 수도 있다고 합니다. 생태계의 균형이 무너지면 인간도 결국 버틸 수 없게 될 것입니다.

예전에는 특정 동물만 사라졌습니다. 마치 운석이 떨어졌을 때 지구상의 공룡이 사라졌던 것처럼 말이지요. 그러나 유전적으로 다양하지 않은 종은 단번에 모두 사라질 가능성이 있습니다. 그간 조류독감이나 구제역 등이 돌았을 때를 떠올리면 이러한 상상이 억지가 아님을 알 수 있습니다. 현재 우리가 기르는 가축들은 개별적인 생명체라기보다는 맞춤형 복제물에 가깝습니다. 그래서 한두 마리가 고병원성 바이러스에 감염되면 순식간에 모두 전염될 가능성이 큽니다. 그런 위험성 때문에 살아 있는 것까지 모두 살처분해야 했던 안타까운 상황만 보더라도, 하나의 종이 순식간에 사라질 수 있다는 가능성은 무섭지만 꽤 현실성 있는 이야기로 들립니다.

인간의 필요에 의해 변형되다

종의 다양성은 생태계를 유지할 수 있는 잠재력입니다. 종이 다양할수록, 또 개체 수가 많을수록 환경의 변화에 더 잘 적응하고 대응할 수 있습니다. 유전자의 풀이 크면 어떤 상황에서도 버텨내는 것들이 있게 마련입니다. 그러나 가축화된 동물은 자연적으로 얻어지는 유전적 다양성을 잃었습니다. 고기를 얻기 위해 사육되는 동물들은 본래 모습과는 관계없이 인간이 필요로 하는 기능을 잘 발휘하도록 변형되었습니다. 인간은 알을 잘 낳는 닭, 지방이 풍부하고 부드러운 몸을 가진 돼지, 살이 많이 찌고 젖이 잘 나오는 소를 원합니다. 젖소는 서 있기 힘들 만큼의 커다란 젖을 갖게 되었고, 자연 상태에서는 일 년에 6~12개의 알을 낳던 닭이 1년에 300개의 알을 낳게 되었습니다. 돼지도 과거의 돼지가 아닙니다. 돼지는 자기 몸을 스스로 지탱하기도 어려울 정도로 비대해졌습니다.

몸의 기능뿐 아니라 이들 동물의 수명도 달라졌습니다. 원래 소는 평균 18~22년, 돼지는 10~15년, 닭은 8년~10년의 생을 삽니다. 야생에서는 20년도 살 수 있지만, 농장에서 사육되는 소와 돼지의 평균 수명은 각각 31개월, 6개월이고 닭의 수명은 훨씬 더 짧습니다. 수명이 긴 산란계라고 해도 평균 2년을 넘지 않고, 식용 목적으로 사육하는 닭의 수명은 보통 한두 달 남짓 됩니다. 고기를 먹기 위해 키우는 육우의 수명의 경우 약 14~16개월에 불과합니다. 이 정도라면 정해진 수명대로 살아가는 '생명체'라기보다는, 일정 시간 이후 죽이기 위해 만들어 내는 '공장의 물건'에 가까워 보입니다. 축산과학은 닭의 가슴살을 키워냈고, 슈퍼젖소, 일명 '터미네이터 소'라 불리는 유전자 변형 돌연변이 가축을 만들어 냈습니다. 과학의 발전으로 이들은 두툼한 가슴살과 근육이 두 배 이상 되는 거대한 몸집을 갖게 되었지만, 그런 조건들이 결코 이들의 생존에는 유리하지 않습니다.

식용 목적으로 사육되는 동물들은 대부분 고도로 밀집된 공장식 농장에서 길러집니다. 이러한 '밀집형 가축 사육시설Concentrated Animal Feeding Operations, CAFOs'에 동물들의 습성은 고려되지 않습니다. 오직 생산성과 효율성에 집중되어 있습니다. 평생을 좁은 공간에서 살아야 하는 가축의 스트레스나 고통은 인간이 상상할 수 있는 그 이상인지도 모릅니다. A4 용지 한 장 크기도 되지 않는 케이지 속에서 옴짝달싹하지 못하는 닭, 몸을 돌릴 수조차 없는 좁은 스톨(폭 60cm의 철장 틀)에 갇힌 암퇘지 등의 이야기가 이제는 낯설지 않습니다. 닭은 극심한 스트레스를 받을 경우 다른 닭들을 쪼며 공격하는 이상 행동을 자주 보인다고 합니다. 그래서 이를 미연에 방지하기 위해 갓 태어난 병아리의 부리를 자릅니다.

스트레스를 받은 동물은 대체로 상품의 가치가 떨어집니다. 그러나 반대로, 동물이 당한 가혹 행위가 고기의 품질을 높여서 상품 가치를 더 높이는 경우도 있습니다. 예를 들어 수퇘지를 거세하거나 송아지를 창백하게 만드는 것 등이 해당됩니다. 인간에게 연한 색의 송아지 고기veal를 공급하기 위해 송아지가 가야 하는 길은 실로 험난합니다. 송아지는 태어나자마자 어미로부터 떨어져, 몸이 자라지 못하게 만든 좁은 사육장에 갇힙니다. 목에는 사슬을 달고 빈혈이 생기도록 철분이 부족한 조제유를 먹입니다. 신체가 매우 약해지고 근육이 발달되지 않아 풀어준다고 해도 제대로 걷지를 못합니다. 이런 사육방식으로 생산된 송아지 고기는 콜라겐이 적어 더 부드럽고, 크림처럼 흰 지방이 많아서 더 비싼 가격에 팔립니다. 송아지 고기의 연한 색은 산소를 전달하는 헤모글로빈 부족으로 인한 것이고, 그 부드러운 식감이 매우 약해진 신체 때문임을 아는 소비자는 많지 않습니다. 2007년 유럽연합에서 이러한 사육을 금지하도록 했지만, 소비자들이 연하고 부드러운 송아지 고기를 원하는 한, 이러한 사육방식은 어디에선가 계속 존재할 것입니다.

조류독감과 구제역이 자주 발생하는 까닭

물건을 찍어내듯 생산하는 방식의 축산 환경은 동물의 질병 발생 가능성도 높입니다. 대장균과 살모넬라균, 인플루엔자 바이러스 등으로 오염된 고기는 고스란히 인간에게 해가 될 수밖에 없습니다. 조류독감Avian Influenza은 조류인플루엔자 바이러스에 의한 급성 전염병으로 제1종 가축전염병에 해당합니다. 특히 닭이나 칠면조, 오리 등의 가금류에서 그 피해가 심하지요. 조류독감에 감염된 닭의 분변 1g

에는 10만 내지 100만 마리의 닭을 감염시킬 수 있는 고농도의 바이러스가 포함되어 있는데, 이는 분변에 오염된 차량이나 사람, 관리기구 또는 쥐, 야생조류에 의해 전파됩니다. 쉽게는 바람에 의해서도 공기 내의 부유물이 확산됩니다. 야생의 조류는 감염되어도 별다른 증상이 없다고 하지만, 고병원성 인플루엔자에 감염된 농장의 닭은 거의 모두 폐사합니다.

한편, 구제역foot-and-mouth disease은 소와 돼지, 양, 염소 등 발굽이 둘로 갈라진 우제류 동물에 대한 급성 바이러스성 전염병입니다. 호흡기를 통한 전파력과 폐해가 크기 때문에 세계동물보건기구Office International des Epizooties, OIE뿐 아니라 우리나라에서도 제1종 가축전염병으로 지정되어 있습니다. 구제역에 감염된 동물은 구강, 비강, 유두, 발굽 부위에 물집이 생기고 체온이 급격히 상승하며, 식욕이 저하되는데, 심한 경우 이를 앓다가 곧 죽게 됩니다.

2000년대에 들어서면서 조류독감과 구제역이 지속적으로 발병하며 동물과 사람 모두에게 치명적인 피해를 주고 있습니다. 실제로 2009년 전국을 공포에 떨게 했던 '신종플루'의 원인이 돼지 인플루엔자에서 비롯되었다고 발표되었습니다. 근래인 2016~2017년에도 조류독감에 의한 피해가 컸던 사례가 있습니다. 닭, 오리 등 가금류 수천만 마리가 죽임을 당했습니다. 또한 같은 기간 수많은 소와 돼지 등이 구제역 때문에 살처분되었습니다.

더 심각한 문제는 이런 바이러스가 지속적으로 새로운 유형의 변종을 만들어 낸다는 것입니다. 돼지의 구제역도 과거에는 대부분 O형이었는데, 2018년에 발생한 구제역은 A형이었습니다. 백신을 통한 사전 예방이 쉽지 않다는 뜻입니다. 현재 가축의 전염병은 예방 백신을 접종하거나 질병 발생 초기에 해당 동물을 살처분하는 것으로 해결합니다. 심지어 예방이라는 명목 하에 질병에 걸리지 않은 동물들까지 산채로 땅속에 매립합니다. 과거 이 과정에 참여했던 축협 직원이 악몽에 시달리다 스스로 목숨을 끊은 안타까운 사건도 있었습니다. 동물은 물론 사람에게도 못할 짓 같습니다.

문제는 여기서 끝나지 않습니다. 동물 사체를 묻은 매몰지에서 침출수가 유출되거나, 지하수나 부근 토양이 오염되면서 환경, 보건상의 문제도 발생하고 있습니다. 살처분으로 인한 피해 축산 농가에 대한 보상 비용, 방역을 위한 예산 등 국가의 재정 부담 또한 가중되고 있는 것이 현실입니다. 가축전염병의 발생과 확산 속도가 빠른 이유는 무엇보다 현재의 대규모 공장식 축산 시스템에 있습니다. 고병원성 조류독감 바이러스는 30분만 햇볕을 쏘이면 완전히 무력해집니다. 그러나 이 바이러스들은 현재의 폐쇄형 밀집 사육 상태에서는 그렇게 하기 어려움을 알고, 습기찬 거름 속에서 며칠 또는 몇 주를 버티며 창궐할 기회를 노립니다. 그러다 기회가 오면 다시 습격하는 것이지요.

살충제 달걀 사태를 부른 배터리케이지 사육

밀집 사육은 당연히 닭뿐만 아니라 달걀에도 큰 영향을 끼칩니다. 2017년 6월 유럽의 주요 달걀 공급국인 네덜란드에서 벨기에로 수출된 달걀에서 피프로닐^{fipronil}이 검출된 사건이 있었습니다. 피프로닐은 벼룩, 이, 진드기 등을 죽이는 살충제입니다. 닭을 포함한 식용 가축에는 사용이 금지된 약물이 달걀에서 검출되었다니 놀랄 일이었지요. 피프로닐은 열을 가해도 파괴되지 않으며 인체에 들어오면 주로 체내 지방에 축적됩니다. 일부는 대변으로 배출되지만 다른 농약보다 배출 속도가 더딘 편이라고 합니다. 피프로닐은 동물뿐 아니라 인체에도 유해한 발암물질로, 인체에 흡수되면 구토, 복통, 메스꺼움, 어지럼증 등을 유발합니다. 장기간 노출될 경우 간과 신장 등 인체 내 장기를 손상시킬 수 있습니다.

네덜란드에서는 살충제 달걀 사태 이후 전체 양계 농가의 약 1/5인 200개의 농가가 폐쇄 조치되었습니다. 해당 달걀이 유통되었던 국가에서는 2차 식품 피해를 막기 위해 정부가 직접 제품을 수거하여 폐기 처분하였지요. 이를 계기로 당시 우리나라에서도 전국의 모든 산란계 1,239개 농장에 대하여 전수조사를 실시하였고 그 결과 52개 농장에서 살충제 성분이 검출되었습니다. 이들 농장은 진드기와 벼룩 제거를 위해 닭에게 뿌려서는 안 되는 살충제를 방만히 사용해 왔음을 자인했습니다.

한국인이 1년에 소비하는 달걀은 약 135억 개입니다. 어떻게 이렇게 많은 달걀을 생산할 수 있을까요? 대부분의 암탉은 평생 공책 한 권보다 좁은 공간에서 움직이지도 못한 채 먹고, 알을 낳는 일만 반복합니다. 한국 산란계 농가의 95%가 배터리케이지^{battery cage}(공장식 밀집 사육)로 달걀을 생산하고 있기 때문입니다.

산란계 닭들의 사육환경은 크게 케이지, 평사, 방목으로 나뉩니다. 국내에서 케이지란 '배터리케이지' 방식을 일컫는데, 가로 세로 각 50cm의 케이지 한 칸에 닭 5~6마리가 들어가 있습니다. 종횡으로 나열된 케이지들이 창문 하나 없는 폐쇄형 축사 안에 8층, 9층까지 겹겹이 쌓여 있는 형태입니다. 평사 사육이나 방목 사육은 닭들에게 훨씬 더 나은 조건이라 할 수 있습니다. 평사는 축사 실내의 바닥 사육을 의미합니다. 케이지를 쓰지 않고 닭들이 축사 안에서 직접 바닥을 밟고 원하는 대로 돌아다닐 수 있게 하는 형태입니다. 방목은 평사 외에 닭을 위한 별도의 실외 운동 공간을 제공하는 형태를 말합니다.

1930년대 미국에서 개발된 배터리케이지 감금 사육은 공장식 축산의 전형적인 모습입니다. 한정된 공간에서 많은 수의 닭을 키울 수 있고, 그 알들이 자동으로 한곳에 모이게 만들어 인건비를 절약할 수 있습니다. 좁은 공간에 사육되기 때문에 닭들의 활동량은 당연히 적고 자연히 사료 섭취량도 적습니다. 비용 절감 효과가 분명 있을 것입니

배터리케이지 사육 방식

다. 이러한 이유로 국내에도 배터리케이지 사육이 확산되었고 농장의 95%가 이런 시스템을 이용하고 있습니다.

　　일반적으로 닭은 스스로 모래 목욕이나 그루밍(털 손질), 일광욕 등을 통해 진드기와 벼룩을 자연스럽게 털어낼 수 있습니다. 하지만 마리당 A4용지의 2/3 정도 되는 공간만이 허용된 닭들에게 모래 목욕은 애당초 불가능합니다. 따라서 진드기를 제거하기 위한 살충제 사용이 불가피하다고 합니다. 진드기로부터 보호한다는 명목 하에 농장주들은 닭들에게 살충제를 뿌렸습니다. 닭보다 케이지에 약을 뿌리면 조금 더 나았을지 모르겠지만, 농가당 10만 수 이상을 대량 사육하는 상황에서 약을 쓸 때마다 닭들을 케이지에서 일일이 빼내고 작업할 수는 없었을 것입니다.

수많은 닭들이 배터리케이지 안에서 살충제를 맞았습니다. 별 효과가 없는 것 같아 보이면 살충제를 더 진하게 여러 번 사용했습니다. 주로 검출된 살충제는 비펜트린bifenthrin을 포함한 피프로닐, 플루페녹수론flufenoxuron, 에톡사졸etoxazole, 피리다벤pyridaben 등이었고, 특히 오래전에 사용이 금지된 DDT가 검출된 경우도 있었습니다. 비펜트린은 닭 진드기 박멸용으로 쓰이는 살충제 중 하나로 사용 자체가 금지되어 있는 것은 아니지만 허용 기준치 범위에서만 사용하도록 되어 있습니다. 과다 노출 시 두통, 울렁거림, 구토, 복통을 유발하고, 만성 노출 시 가슴 통증이나 기침, 호흡곤란 등이 올 수 있어 미국환경보호청Environmental Protection Agency, EPA에서는 발암물질로 분류하고 있습니다. 정부는 부적합 판정을 받은 농가의 계란을 모두 수거해 폐기하였습니다. 배터리케이지에서 닭을 키우는 것은 동물에게도 고통이지만, 결국 사람에게도 해를 끼치게 되는 것입니다.

고기를 먹으며 항생제도 먹는다?

플레밍Alexander Fleming이 페니실린을 발견한 이래 항생제는 미생물에 의한 질병의 치료에 크게 기여해 왔습니다. 이로써 인류가 미생물과의 싸움에서 이기는 듯했습니다. 그런데 박테리아라고 당하고 있지만은 않습니다. 약물에 내성이 생기면서 살아남은 박테리아들은 새로운 항생제가 개발되고 그 사용이 많아질수록 더 강해져 마침내 '슈퍼 박테리아'라고 불리게 되었습니다. 세계보건기구World Health Organization, WHO에 따르면 항생제 내성균 감염으로 사망하는 사람이 매년 전 세계적으로 70만 명 이상이라고 합니다. 박테리아가 약물에 내성을 지니게 되어 치료 수단이 없어지게 되는 것입니다. 분별없이 사용한 항생제가 불러온 재앙이라 할 수 있습니다. 그런데 만약 고기를 즐기는 사람이라면 항생제 내성 유발 문제에서 자유로울 수 없습니다. 항생제 남용의 문제는 규제가 거의 없는 가축에서 더 심각하기 때문입니다.

항생제가 발견된 직후인 1940년대 후반부터 1950년대 초반 사이, 연구자들은 이 새로운 '기적의 약'에 자신들이 몰랐던 효과가 있다는 사실을 알게 되었습니다. 가금류와 소, 돼지 등 건강한 가축에 소량을 투여하자 그들의 몸무게가 평소보다 더 빨리 늘어난 것입니다. 이후 항생제는 제한된 공간에서 가축을 속성 사육하는 축산 농장의 필수 약물이 되었습니다. 가축에 대해서는 치료뿐 아니라 예방을 위해서도 사용할 수 있도록 허락되어 있기 때문에, 오늘날 대부분의 항생제는 발육 속도를 높이기 위해 부적절하게 사용되고 있습니다. 이렇게 동물들이 항생제가 들어 있는 모이를 먹게 되면, 사람들 또한 그 고기를 통해 항생제를 먹게 됩니다.

시민단체 등이 요청하여 공개된 미 식품의약국FDA 보

고서에는 사료에 많이 들어가는 항생제가 가축을 거쳐 해당 고기를 먹는 사람에게도 치명적인 항생제 내성 박테리아 감염을 불러올 수 있다고 적시되어 있습니다.

특히 우리나라는 축산용 항생제 의존성이 높은 편입니다. 축산 선진국의 생산 규모와 비교해 볼 때 우리나라의 항생제 사용은 대략 2배~10배 이상 많습니다. 항생제 내성 문제가 공중보건학적으로 중요하게 대두되면서 국내에서도 2003년부터 축산용 항생제 관리 시스템을 구축하고 항생제 사용 및 내성 현황을 모니터링하고 있습니다. 이에 따르면 우리나라에서 축산 분야에 사용되는 항생제 사용량은 연간 1,400~1,500톤에 이릅니다.

특히 밀집 사육하는 돼지 및 닭에 가장 많이 사용되고 있는데, 앞서 언급한 대로 수의사 처방에 의한 치료용보다 성장 촉진 용도로 자가 구입하여 사용되는 경우가 많습니다. 항생제는 테트라사이클린tetracycline계가 전체의 반 정도를 차지하고 있으며 내성률 또한 테트라사이클린의 내성률이 가장 높은 것으로 보고되고 있습니다. 가축과 사람의 항생제 내성균 검출 빈도는 다르지만 항생제 내성균이 축산물에서 사람으로 전파되는 것을 예방하기 위해서는 각별하고 지속적인 관리가 필요한 상황입니다. 약물 오남용은 치료용으로 직접 투여하는 과정에서도 주의해야 하지만, 간접적으로 우리 몸에 들어오게 될 때 그 폐해가 더 클지도 모르기 때문입니다.

고기와 맞바꾸는 것들

대규모로 성장한 축산업에 힘입어 육류 소비 또한 전 세계적으로 꾸준히 증가하였습니다. 연간 소비되는 650억 마리의 동물을 사육하려면 필요한 자원도 어마어마합니다. 축산에 필요한 물 사용량은 전 세계 인간의 사용량보다 8% 이상 많습니다. 스톡홀름 국제물연구소Stockholm International Water Institute, SIWI에 따르면 농축산업이 전체 물 사용량의 70%를 차지하는데, 그중 대부분이 육류 생산을 위해 쓰인다고 합니다. 1kg의 소고기를 생산하기 위해 대략 4만 리터 이상의 물이 필요하다고 하니 놀랍습니다. 1kg의 콩을 생산하기 위해서는 2천 리터의 물이 필요하며, 1kg의 밀은 900리터, 1kg의 옥수수는 650리터의 물이 필요합니다.

소고기를 생산하기 위해 이렇게나 많은 물이 필요한 데는 이유가 있습니다. 1995년부터 2006년까지 미국 정부는 농축산 보조금을 1,700억 달러 이상 지급하였는데, 지급된 보조금의 약 3분의 1 정도가 옥수수를 위한 것이었습니다. 무엇 때문에 이렇게 많은 옥수수를 키워야 했을까요? 막대한 지원을 통해 생산된 옥수수의 절반가량이 사람이 아닌 동물의 사료로 쓰이기 때문입니다. 사실, 지구에서 생산되는 곡물의 1/3 이상이 가축사료로 쓰입니다. 공장식 축산이 본격화되면서부터, 인류는 맛있는 고기를 얻기 위해 가축을 더욱 살찌게 만들었습니다. 그러기 위해 곡물사료를 먹였습니다. 닭고기 1kg을 얻기 위해 필요한 곡물의

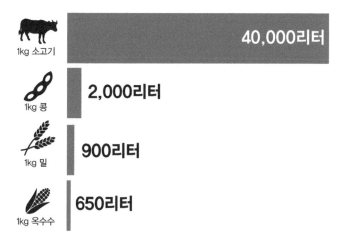

식품 생산에 필요한 물 사용량

양은 2~3kg, 돼지고기 1kg은 곡물 6~7kg, 소고기 1kg은 곡물 12kg이 필요하다는 것은 잘 알려진 사실입니다.

　　물 소비량에 대하여 관심을 가져야 하는 이유는 그것이 생명과 직결되기 때문입니다. 물 사용의 패턴과 순환을 통합적으로 이해하기 위해 도입한 개념이 바로 '물발자국 water footprint'이지요. 이것을 설명하는 핵심은 '가상수'에 있습니다. 이는 실제 보이지는 않지만 제품이 생산되는 데 사용되는 물의 양을 뜻합니다. 국제사회에서 널리 사용되고 있는 방법은 모두 전 과정 평가를 기반으로, 수자원에 대한 양과 질을 고려합니다. 예를 들어 물발자국네트워크Water

Footprint Network, WFN에서는 수자원을 블루워터blue water, 그린워터green water, 그레이워터gray water의 세 가지 유형으로 구분해 평가합니다. 그린워터는 빗물에 의해 공급되는 용수를 말하며, 블루워터는 관개 또는 용수시설에 의해 공급되는 용수로 지표수와 지하수 등을 포함합니다. 그레이워터는 생산과정에서 배출되는 폐수의 오염 농도를 기준 농도로 낮추기 위해 필요한 희석수를 의미합니다. 이런 관점에서 사료뿐 아니라 오폐수 처리에 필요한 용도를 포함하면 축산물의 물 사용량이 많을 수밖에 없다는 것이 이해됩니다.

축산업에 사용되는 토지가 지구 전체 표면적의 30%나 된다는 주장이 있습니다. 이 토지는 거의 영구 목초지일 뿐만 아니라 전 지구 경작지의 33%를 포함한다고 국제연합식량농업기구UN Food and Agriculture Organization, UNFAO는 설명합니다. 축산업의 규모가 거대해지고 기업화되면서 가축의 사육면적과 무관하게 사육되는 가축의 수가 기하급수적으로 늘어났습니다.

가축들이 먹을 곡물사료를 키우기 위한 경작지가 점점 넓어지는 동시에, 아프리카 등지에서는 5초당 한 명은 먹을 것이 부족해서 목숨을 잃고 있습니다. 농경지뿐만 아니라 새로운 목장을 만들기 위한 벌채 또한 지속되고 있습니다. 극단적인 예로 라틴 아메리카의 경우 과거 삼림 지대였던 아마존의 약 70%가 방목지로 바뀌어 버렸다고 합니다. 축산이 삼림 훼손의 주요 원인이 된 것입니다.

전 세계 온실가스 배출 주요 원인(출처: IPCC 5차 보고서, UNFAO)

국제연합식량농업기구는 축산이 대기와 기후변화, 토양, 수질 및 생물 다양성 등 사실상 환경과 생태계에 미치는 영향이 지대하다고 보고하였습니다. 이로 인한 영향을 이산화탄소로 환산하면 연간 인위적 온실가스 배출의 약 20%를 차지한다고 하는데, 이는 전 세계 운송부문에 의한 배출량보다도 높은 수치입니다. 축산에 의해 배출되는 일부 물질은 이산화탄소보다 대기의 온도를 더 올리는 역할을 하는데, 그것은 바로 메탄과 이산화질소 등의 온실가스입니다. 메탄은 이산화탄소에 비해 '지구온난화지수^{Global}

Warming Potential, GWP'가 21배에 달합니다. 반추동물의 장내발효 enteric fermentation에 의해 생성되는 메탄은 방귀로 나오는데 그 비율이 전체 메탄의 37%에 달합니다. 또한 GWP가 이산화 탄소의 310배에 이르는 아산화질소 배출량의 65%가 축산 때문이고, 대부분 가축분뇨에서 기인됩니다. 암모니아 배출량 역시 전체의 3분의 2(약 64%)가 축산 때문으로 보고되고 있습니다. 이는 산성비와 토양 산성화의 원인으로 이어집니다.

이러한 이유로 뉴질랜드에서는 축산 농가에 추가 세금을 물리는 방안을 논의하였고, 에스토니아, 덴마크 등 몇몇 유럽 국가에서도 이른바 '방귀세'를 부과하고 있거나 또는 검토하고 있습니다. 축산업이 환경에 미치는 폐해를 간과할 수 없기 때문입니다. 고기를 많이 먹기 위해 벌이는 인간의 행위가 동물이나 환경, 생태계에 못할 짓을 하고 있는 것은 아닌지 우려의 목소리가 커지고 있습니다.

8강
육식과 동물복지가
공존할 수 있는가

최근 닭, 오리, 돼지, 소 등 농장동물의 사육환경에 대한 관심이 증가하고 있습니다. 이는 아마도 동물에 대한 연민보다는 안전한 먹거리에 대한 욕구에서 비롯된 것 같습니다. 안전하고 우수한 품질을 가진 육류를 생산하기 위해서는 동물이 생전에 스트레스를 받지 않아야 하고, 살아 있을 때 지내는 사육환경은 물론 도축도 신속하고 고통스럽지 않아야 합니다. 동물이 어떻게 사육되고 도축되는지 그 처참한 모습을 보게 된다면 많은 사람들이 채식주의를 선언할지도 모릅니다. 앞장에서 살펴본 사육 현황만큼이나 꺼내기 불편한 주제이기는 하지만, 도축 상황 역시 모르는 척하고 넘어갈 수만은 없는 문제입니다.

"전극이 동물의 이마에 붙여지면 전류가 두뇌를 통과

하면서 동물은 쓰러지고 머리가 벌어집니다. 호흡은 멈추지만 15초~20초가 지나면 다리를 걷어차기 시작합니다. 그때 칼로 동물의 경동맥과 경정맥을 절단합니다. 이를 제대로 처리했다면 약 20초 후에 동물은 뇌사하고 곧 출혈이 일어납니다."(마르타 자라스카Marta Zaraska, 『고기를 끊지 못하는 사람들』) 이렇게 서술된 것처럼, 미국의 큰 축산 '가공 공장'에서는 매시간 소 약 400마리, 돼지 약 1천 마리, 닭 약 4만 6천 마리를 '수확'합니다. 축산업계 용어로 사용되는 '가공 공장'이라는 말은 정육업계를, '수확'이라는 말은 도축을 의미합니다. 미국에서는 매일 가축 2,400만 마리가 도축장으로 향하는 경사로나 컨베이어 벨트에 오른다고 합니다.

고기의 맛을 좌우하는 최후의 시간

맛있는 고기를 생산하기 위해서는 사육 당시의 먹이나 환경이 중요합니다. 그러나 축산 전문가들은 동물의 마지막 몇 시간도 고기의 맛을 좌우할 수 있다고 말합니다. 동물이 받는 고통에 따라 고기의 맛이 달라진다는 것입니다. 동물이 심하게 스트레스를 받으면 비정상적으로 고기의 색이 어두워지거나 흐려지고 맛이 현저히 떨어질 수 있습니다. 부드러운 육질의 품질 좋은 고기를 얻으려면 도축 과정을 포함한 전 과정의 취급 상태가 중요하다는 것이지요.

생산자들은 PSE$^{Pale, Soft, Exudative}$라고 부르는 육류, 즉 색이 옅고, 살이 연하며 진물이 가득 찬 현상이 발생할까 우려합니다. 이런 현상은 보통 돼지고기에서 많이 볼 수 있지만 칠면조와 닭고기에서도 발생합니다. PSE 현상이 나타난 돼지고기라면 그만큼 건강하지 못했거나, 장기간 혹은 죽기 전에 급성 스트레스를 겪었다는 뜻입니다. 미국산 돼지고기의 16%, 영국의 경우 25%, 호주는 32%까지 PSE 현상이 나타난다고 합니다.

스트레스 상황에서는 소위 스트레스 호르몬이라 부르는 아드레날린과 코르티솔이 분비됩니다. 호흡이 가빠지고 맥박수가 올라가며 체온과 체내 대사율이 증가됩니다. 공격에 대응하여 체내 항상성을 유지하기 위한 필수적인 반응이지요. 호르몬이 미치는 영향은 매우 다양하고 범위가 넓고 큽니다. 그래서 호르몬의 분비량은 아주 엄격하게 조절되고 있습니다. 그런데 장기간 노출된, 혹은 극심한 스트레스는 이 조절 시스템에 장애를 유발하고 이로 인해 전체적인 조직의 손상을 초래합니다. 이것이 스트레스를 건강을 해치는 요인이자 만병의 근원이라 여기는 이유입니다.

축산물 생산을 위한 동물도 마찬가지입니다. 장기간 스트레스를 받은 동물이 정상적이고 건강한 상태일 수 없습니다. 스트레스를 받은 동물의 조직은 산화 가능성뿐만 아니라 괴사 가능성 역시 높습니다. 평생 갇혀 살다가 꽉 묶인 상태로 운반된 후, 전기충격기에 스트레스를 받은 채기절한 돼지를 도축한다면 어떨까요? 그 잔혹성은 차치하고라도 이는 육질에도 심각한 문제를 일으킵니다. 몸의 한 부분이 조금씩 죽어가는 동안, 스트레스 호르몬으로 인해 에너지 대사가 급격히 증가하여 동물의 체내 온도가 평균 이상으로 상승합니다. 동물의 사후 근육의 산화에 불이 붙는 격입니다.

우리에게 100m 달리기와 같이 강도 높은 운동은 일종의 스트레스에 해당됩니다. 이에 대처하기 위해 일시적으로 에너지 생성이 증가되지요. 이때 근육이 적절한 산소를 공급받지 못하게 되면서 젖산이 생성됩니다. 그러나 달리기를 멈추고 어느 정도 시간이 지나면 젖산이 제거되기 때문에, 약간의 근육통이나 피로감은 느껴져도 몸에는 별문제가 없게 됩니다.

그러나 도축된 동물은 간이 기능을 잃어서 젖산을 제거할 수 없습니다. 근육의 PH가 떨어지면서 산성화가 일어나고, 급성 스트레스로 인해 체온이 상승하면 단백질은 정상적인 구조를 잃습니다. 변성된 단백질은 수분과 결합하지 못하고 조리 후에도 육즙 보수력이 더 떨어집니다. 이런 고기를 보수력water holding capacity이 낮다고 하는 것입니다.

또한 수용성 붉은 색소인 미오글로빈이 육즙과 함께 빠져 나기기 때문에 근육이 색을 잃습니다. 고기를 포장한 스티로폼 포장재 바닥에 핏빛 육즙이 흘러나오곤 하는데, 그 핏빛 육즙이 수분과 단백질의 혼합물인 추출물purge입니다. 이는 고기의 질을 가늠할 수 있는 신호라고 볼 수도 있는데, 육류 판매자들은 이를 감추기 위해 액체를 흡수하는 흡수 패드를 용기 밑바닥에 깔아 둡니다. 이러한 방법이 고기를 보기 좋게 만들 수는 있지만, 이렇게 보수력이 낮은 고기를 요리하게 되면 고기가 탄력을 잃고 질겨져 맛이 없어질 가능성이 큽니다.

더욱이 축산업자들은 효율성과 생산량을 높일 목적으로 호르몬 유사 약물인 '옵타플렉스Optaflexx'와 같은 베타 아드레날린성 물질을 사용하기도 합니다. 옵타플렉스는 소를 더욱 근육질로 만듭니다. 또 도축 직전, 사료에 이를 조금 첨가하면 소의 체중이 10kg 정도 급격히 늘어난다고 합니다. 그렇지만 고기의 품질은 현저히 떨어집니다. 이런 종류의 약을 먹은 가축의 고기는 빛깔이 칙칙하며 육질이 전혀 부드럽지 않습니다. 미국에서는 성장 촉진을 위해 이러한 약을 먹이는 가축이 70%나 된다고 합니다. 소들의 근육이 뻣뻣해지고, 무더운 날씨에는 소들의 발이 떨어져나가는 극단적인 상황이 벌어지기도 한다고 합니다.

한편 동물의 사후에도 생산량을 늘리기 위한 욕구는 계속됩니다. 빨리 키우려다가 거칠고 건조해진 고기를 다시 부드럽게 하기 위해 주사기로 화학 용액을 주입하는 것입니다. 고기에 소금이나 인산염, 젖산염, 단백질 분해 효소 등을 주입하면 육즙이 향상됩니다. 고기의 '맛'을 내기 위한 해결책인 것입니다. 미국과 호주의 업계에 따르면 화학용액으로 증량되는 체중이 초기 체중의 6~12%에 달한다고 합니다. 만약 이렇게 해도 해결이 되지 않으면 근육을 분쇄하거나 부위를 발라낸 후, 접착제를 사용하여 더 좋은 스테이크를 만들어 내기도 합니다. 접착제를 사용하여 재구성된 고기는 갈빗살이나 스테이크 형태로, 대개는 반쯤 조리되거나 또는 빵가루를 입혀 가공한 형태로 판매되곤 합니다.

소비자가 값싸고 맛있는 육류를 원하는 이상, 육류 생산자는 마블링이 잘 되어있는 고기를 만들어 내기 위해 계속해서 가축을 작은 사육장에 가두고, 전기 충격을 주고, 소금물을 주입할 것입니다. 또한 낮은 가격을 유지함으로써 소비자가 지속적으로 제품을 구매하도록 유도합니다.

동물에게 보장하는 5대 자유 원칙

가축에게 가해지는 이러한 가혹행위에 반대하여 '동물복지'라는 개념이 등장하였습니다. 동물복지는 동물에게 외부로부터 가해지는 인위적이고 불필요한 고통이나 스트레스를 최소화하고, 건강을 유지할 수 있는 환경을 마련해 주는 것을 의미합니다. 동물복지 개념은 기본적으로 1967년 영국정부의 '농장 동물 복지 자문위원회Farm Animal Welfare Advisory Committee'에서 제안한 '5대 자유Five Freedoms'에 기초합니다. 5대 자유는 기아와 갈증으로부터의 자유, 불편함으로부터의 자유, 고통과 상처 및 질병으로부터의 자유, 정상적인 활동을 할 자유, 공포 및 스트레스로부터의 자유를 말합니다. 또한 사육뿐 아니라 수송 및 도축에 이르는 모든 과정에서 동물이 불필요한 고통을 당하지 않도록 해야 한다고 강조하고 있습니다.

동물복지와 관련하여 제기된 문제는 전기충격기, 사육장의 포화, 차량의 과적과 거친 운반 과정 등이 있습니다. 그동안 축산업의 발달에 있어서는 생산자의 입장이 중요했습니다. 비용을 절감하려면 최소의 비용으로 많은 동물을 사육할 수 있는 시설을 갖추고, 사육단계에서도 신속하게 도축하는 것이 필요했던 것입니다. 사육할 때에는 동물을 좁은 공간에 가두고, 도축할 때에는 계류장 내에 많은 동물을 몰아넣고 이들을 신속하게 이동시키기 위해 강압적인 몰이 도구나 폭력을 행사하였습니다. 동물이 받는 고통이나 스트레스, 생명권 등은 안중에도 없었습니다.

영국은 1980년대에 일어난 광우병으로 인한 대규모 인명 피해나 구제역으로 인한 600만 두의 가축 매몰사건 등의 원인을 공장형 축산 시스템 때문이라 판단했습니다. 그래서 1996년 동물복지법을 제정하였고, 1999년에는 어미돼지의 스톨사육을 금지시켰습니다. 또한 동물복지 인증라벨인 '프리덤 푸드Freedom Food'를 도입하여 동물복지형 축산물의 대중화를 위해 노력하고 있습니다. 유사 사례가 유럽에서 북미, 아시아로 확산되면서 농장 동물의 복지를 개선하기 위한 법률이 제정되었고, 2000년 6월 EU 는 '동물복지와 농산물 무역' 제안서를 세계무역기구^{World} Trade Organization, WTO에 제출하며 국제적 기준을 마련해야 한다고 주장하였습니다. 동물의 건강과 질병에 대한 국제표준기구인 세계동물보건기구에서는 2006년부터 '동물복지 5개년 행동계획'을 수립하여 산란계 일반 케이지 사육금지(2012), 돼지 스톨사육 금지(2013) 등 실질적인 동물복지 정책을 실행하고 있습니다.

영양적으로 우수한 동물복지육

동물복지를 향상시켜야 한다는 국제적 인식은 일반 시민에게도 전해지고 있습니다. 유럽의 소비자들은 동물 복지육이 일반 육류에 비해 더 건강하다는 인식을 가지고 있는 것으로 조사되었습니다. EU 산하 기관인 유로바로미터^{Eurobarometer}의 보고서에 따르면 EU 소비자의 62%가 동물 복지에 신경을 쓴 제품을 구매할 의사가 있다고 답하였고, 43%는 실제 축산물 구입 시 동물복지를 고려한다고 답하였습니다. 그렇다면 영양적으로는 어떨까요? 동물복지가 적용된 축산물이 일반 축산물보다 더 우수할지, 혹은 별 차이가 없을지가 궁금해집니다.

보고된 자료에 의하면 동물복지를 적용한 육류가 일 반사육 축산물보다 오메가3지방산, 비타민 E, 철분 등의 영

구분		영국	EU	미국	한국
주도세력		정부 + 민간 (시민단체,생산자)	정부 + 민간 (시민단체,생산자)	민간 (시민단체,기업)	정부 + 민간 (시민단체)
인증기관		민간단체	민간단체 (프랑스는 정부)	민간단체	정부
특징		세계 최고수준 구현 정부 민간 참여↑	회원국 동물 복지 가이드라인 국가별 실행율은 편차↑	정부보다는 생산단체, 유통업계에서 자체 가이드라인 두고 시행 유럽과는 차이 큼	생산기반 취약 인증 확산 미약 (산란계 2%) 영국기준 준용
사회합의		매우 높음	높음	보통	낮음
법령 / 기관	시초	동물학대방지법 (1876) 동물보호법 (1911)	독일 동물보호법 (1972) 스위스의 법 (1978) EU 모델	28시간법(1873) 인도적 도살법 (1958)	동물보호법 (1991)
	심화	보호법 개정(2006) 동물복지 포괄 정리 RSPCA(1824) 농장복지 위원회 (FAWC,1973)	EU 동물복지 규정 제정(1995) 성장촉진제, 항생제 전면금지 (2006) 동물복지 1차 5개년 행동계획 (2006~10)으로 기준 확립 EU차원 동물복지 형 축산 인증제 도입 준비	연방정부 법 제정 미약 주정부 법률로 규정 (일부 주 강한 규제) 기업 CSR 차원의 활동중심 기업이미지 제고 목적의 차별화 전략이라는 비판	2011년 개정 농장동물 복지 규정 세부화 동물복지 축산 농장 인증제도
주요내용		케이지 및 스톨 사용 금지 세계 최초 법제화	송아지 사육틀 금지(2007) 산란계 케이지 금지(2012) 돼지 모돈스톨 금지(2013)	맥도날드, 버거킹, 세이프웨이, 홀푸드마켓 등 기업의 차별화를 위한 제도 도입	축산업 허가제 포괄적 금지는 미약

국내외 농장의 동물복지 제도 비교

양소 함량이 많았습니다. 항생제를 사용하지 않기 때문에 자기 방어력과 장내 유익 미생물 활성이 강화되어 생산성이 향상되는 장점이 있다고 밝혔습니다. 동물의 습성을 고려한 환경에서 사육할 경우 신체, 정신적인 고통이 줄어들고 최적의 건강 상태를 유지할 수 있으니 질병 발생이나 사망률 또한 감소할 것 같습니다.

또 소의 근육 내 지방 축적도는 방목보다는 축사 내에서 사육된 소가, 목초사료보다는 곡물사료로 비육된 소가 높다고 알려져 있습니다. 자연 방목 상태에서 목초 등으로 소를 키우면 체내의 과도한 지방 축적을 막을 수 있다는 것입니다. 연구에 따르면 목초지에서 자란 소가 집약적인 공장 축산 시스템에서 자란 소보다 지방은 적고 오메가3지방산 비율은 2~5배 높았으며, 비타민 E와 β-카로틴 함량도 어느 정도 많았습니다. 이러한 결과는 우유, 닭고기 또는 돼지고기에서도 유사하였습니다. 공장식 사육 시스템에 비해 오메가3지방산 함량이나 오메가3/오메가6 지방산의 비, 비타민 E와 β-카로틴, 또는 철분이 더 우수한 것으로 보고되었습니다. 영양적인 관점에서 볼 때, 자연 방목하는 동물 복지육의 장점은 충분히 있습니다.

그런데 문제는 대부분의 사람들이 아직도 지방이 많은 고기를 맛있게 여기고, 그런 제품을 선호한다는 데 있습니다. 동물복지를 지지하는 이유와 무관하게 시장에서는 동물복지 제품의 비용 대비 품질에 대한 저울질이 계속될 수밖에 없습니다. 동물복지 기준이 적용되면 생산비가 크게 오르고 소비자 가격이 상승해 축산물 구매가 위축될 것이라는 부정적인 시각도 있습니다. 동물복지 도입 시 돼지고기의 소비자가격은 17~53%, 소고기는 34~95%, 닭고기는 16~51%가 오를 것이라고 추정하고 있습니다. 동물복지형 축산으로 전환하려면 토지가 지금보다 돼지는 1.28배, 한우는 2.25배, 산란계는 5.36배 더 필요할 것이라고도 합니다.

가격은 오르고 토지는 더 필요하다는 이런 수치들은 동물복지의 전망을 어둡게 하고, 현실적으로 실현하기 어렵다는 이유로 이를 지레 포기하도록 유도합니다. 그러나 이는 전혀 불가능한 일이 아니며, 인류의 안전을 멀리 내다본다면 어려워도 시작되어야 할 일입니다. 육식을 포기하지 않더라도 지금처럼 더 싸게 많이 먹는 것보다, 포식을 줄이고 건강한 음식을 섭취하는 데 방점을 둔다면 축산물 생산량을 높이려고 동물을 학대하거나 자원을 낭비하지 않으면서도 필요한 만큼의 식량을 얻을 수 있을 것입니다.

'필요량'의 기준과 인식의 변화, 동물복지를 실현하겠다는 의지와 당위성이 있다면 동물과 인간이 상생할 방법은 반드시 찾아질 것입니다. 가축의 위생과 복지는 궁극적으로는 우리 인간의 건강과 안전을 위한 투자임을 기억해야 합니다.

동물복지를 선언한 국내외 기업

다국적 기업인 맥도날드는 산란계 케이지의 면적을 키우고, 닭의 산란율을 높이려 강행했던 강제 털갈이를 금지했습니다. 또한 어미돼지 스톨사육을 단계적으로 폐지하는 등 동물의 사육과 유통에 대한 자체적인 동물복지 기준을 세우고, 이를 준수하는 축산농가의 원료를 사용하고 있습니다. 이들의 목표는 2025년까지 공급받는 모든 달걀을 동물복지란으로 교체하는 것입니다. 2012년 버거킹은 2017년까지 방사해서 키운 닭의 달걀과 임신스톨을 이용하지 않은 돼지의 고기만을 사용하기로 선언하였습니다.

이처럼 닭장이나 우리에서 사육되지 않은 '케이지-프리cage-free' 달걀이나 돼지고기를 사용하는 점포가 점차 늘어났습니다. 월마트와 코스트코도 '케이지-프리' 달걀의 자체 브랜드 제품을 취급합니다. 그 외 서브웨이와 같은 체인레스토랑과 크래프트Kraft와 같은 식품 제조업체 등에서도 일부분 '케이지-프리' 달걀을 사용하고 있습니다. 이처럼 동물복지는 세계적 추세가 되었습니다.

우리나라의 경우에도 지난 2012년 '동물복지 축산농장 인증제'가 도입되었습니다. '동물복지 축산농장 인증제'란 높은 수준의 동물복지 기준에 따라 인도적으로 동물을 사육하는 소·돼지·닭 등의 농장에 대해 국가가 인증하는 제도입니다. 동물 운송차량의 구조와 설비 기준을 마련하여 운송 중 동물의 상해와 고통을 최소화하는 한편, 도축이

국가	인증기관	주체	인증명	마크	대상축종	특징
영국	동물학대방지협회 (RSPCA)	민간	Freedom Food		소, 돼지, 산란계, 8개 축종, 육가공품	1994년 회원가입. 인증비 부여
프랑스	농업부	정부	Label Rouge		소, 돼지, 산란계, 육계, 육가공품	
미국	미국동물보호협회 (AHA)	민간	Free Farmed Program		양고기, 가금육, 쇠고기, 육가공품	2000년 RSPCA 참고
	미 양돈협회 (NPPC)	민간	SWAP™		돼지	생산자 단체 인증
	Global animal partnership (Whole food Market 협업)	민간	Animal Welfare Standards		소, 돼지, 닭, 칠면조	6단계로 분류 Global 상품취급
한국	농식품부	정부	동물복지 축산농장 인증	동물복지 [ANIMAL WELFARE] 농림축산식품부 농림축산검역본부	산란계, 돼지 (품목 확대 예정)	축산가공품 동물복지 인증도입및 규제계획

국내외 동물복지 축산물 인증제도

나 살처분 과정에서도 반드시 의식이 없는 상태에서 도살 단계로 넘어가도록 명문화하였습니다. 동물의 불필요한 고통이나 공포, 스트레스를 최소화하고자 한 것입니다. 이 인증제는 2012년 산란계 농장을 시작으로 2013년에는 돼지,

2014년에는 육계까지 확대되었고, 2015년에는 한·육우, 젖소, 염소, 2016년에는 오리까지 확대되었습니다.

국내 기업으로는 풀무원이 2007년 국내 기업 최초로 '동물에게 보장하는 5대 자유원칙'에 따른 동물복지제도를 도입해서 운영하고 있습니다. 풍년농장과 함께 전북 남원에 공동 투자하여 만든 유럽식 오픈형 계사_{aviary}는 국내 동물복지의 새로운 현실적 대안으로, 동물복지 인증 기준을 준수한, 방사 사육과 일반 평사 사육을 절충한 형태입니다. 기존 배터리케이지형 밀집 사육 방식처럼 닭을 좁은 닭장에 가두지 않고, 계사 내부에 3층의 개방된 단을 만들어 닭이 자유롭게 생활할 수 있게 만든 것이 특징입니다.

유럽에서는 이미 이런 형태의 계사가 보편적인데, 밀집된 공장식 축산에서 벗어나 $1m^2$당 9마리 이하의 사육 기준을 적용하여 적정 사육 밀도를 유지합니다. 1층에는 짚을 깔아주고 위층에는 횃대를 설치하여 파헤치기, 쪼기, 횃대에서 잠자기와 같은, 습성에 따른 행동을 할 수 있게 한 것입니다. 또한 사육 기간 중 항생제를 일절 사용하지 않고, 대신 닭의 장내 유해균 억제에 도움을 주는 것으로 밝혀진 목초(木醋)액을 섞어 주는 방법을 채택하였습니다.

국내에서는 아직 이런 생산방식이 보편적이지 않지만, 동물에게 이로운 것이 결국 사람과 지구 환경에도 이롭다는 의식은 점차 확산되리라 기대합니다. 적게 먹더라도 건강한 것을 골라 먹고, 건강하고 안전한 식품을 구하기 위

유럽식 오픈형 계사

해 그만큼의 값을 기꺼이 지불할 의향이 있는 소비자들이
점점 더 많아진다면, 이러한 소비자들의 구매 성향이 생산
자들의 의식을 바꾸는 데 분명 영향을 미칠 것입니다.

식사 혁명 ———

제4부

인간 생존을 위해
필요한 단백질

9강
단백질 없이는
살 수 없다

양질의 단백질은 반드시 육류로 섭취해야 한다고 생각하는 분들이 많습니다. 그러나 고기만 단백질을 가지고 있는 것은 아닙니다. 영양학에서는 특정 식품에 들어 있는 단백질 함량이 10~15% 이상 되면 단백질 식품으로 분류합니다. 육류(소고기, 돼지고기, 닭고기 등)와 생선, 달걀, 콩류, 견과류 등이 이에 해당됩니다. 대개 동물성 식품들이기는 합니다.

단백질 식품에 동물성 식품이 많은 이유는, 기본적으로 동물과 식물의 몸의 구성성분이 다르기 때문입니다. 스스로 움직일 수 없는 식물은 튼튼한 세포벽을 갖지만, 동물은 세포벽이 없는 대신 몸을 지탱하기 위해 단백질로 된 근육이나 뼈가 필요합니다. 그래서 동물의 몸은 단백질이 평균 15% 정도 되지만, 식물의 단백질은 전체 질량의 2%에 불과합니다. 반대로 식물세포에 많은 탄수화물은 동물에는 아주 조금밖에 들어 있지 않습니다.

식물의 씨는 발아를 통해 새 조직의 재료를 만들고, 이에 필요한 에너지를 얻기 위해 씨 속의 '떡잎'이나 '배젖'에 단백질, 탄수화물, 지질 등의 영양분을 저장합니다. 콩의 종자(씨)는 껍질과 자엽(떡잎), 배축(씨눈, 뿌리)으로 구성되어 있는데, 껍질의 무게는 약 8%, 배축은 2%를 조금 넘고, 자엽 부분이 약 90%를 차지합니다.

일반적으로 떡잎에 영양을 비축하는 식물(대두, 땅콩, 잠두, 완두 등)의 단백질 함량은 배젖에 비축하는 식물(쌀, 보리, 옥수수, 귀리 밀 등)보다 많습니다. 특히 대두는 떡잎에 많은 영양을 비축하기 때문에 다른 식물성 식품에 비해 훨씬 높은 단백질 비율을 가질 수 있습니다. 대두는 35~40%의 단백질을 함유하고 있어 두류 중에서도 독보적이라 할 수 있습니다.

인체를 구성하는 단백질

인체의 단백질은 얼마나 될까요? 물을 제외하면 인체의 절반 정도가 단백질로 이루어져 있습니다. 3대 영양소인 탄수화물, 단백질, 지질뿐 아니라 수십 가지의 무기질과 비타민이 곧 우리의 살과 피가 되고 생명을 유지하게 해 줍니다. 우리는 보통 탄수화물을 가장 많이 섭취하지만, 몸을 만드는 주된 재료는 단백질과 지질입니다. 인체를 포함한 모든 생명체의 최소 단위인 세포의 막 성분은 주로 지질입니다.

인체에는 5만~10만 종의 단백질이 있는데, 체내 총 단백질의 43%가 근육에 존재하며, 피부와 혈액에 각각 15%, 간과 신장에 10%, 나머지 소량은 뇌와 심장, 폐, 골 조직 등에 있습니다. 근육이 수축하거나 이완하며 움직일 수 있는 것은 근육을 구성하는 액틴actin과 미오신myosin이라는 두 종류의 단백질 덕분입니다. 우리의 머리카락이나 손톱, 발톱, 피부의 주재료 또한 단백질이고, 눈의 수정체 역시 단백질로 되어 있습니다. 이렇게 몸을 구성하여 형태를 만드는 단백질을 '구조 단백질structural protein'이라고 합니다.

한편 체내에서 일어나는 모든 화학반응을 일어나게 하거나 그 속도를 조절하는 것은 '효소enzyme'라는 단백질입니다. 먹은 것을 소화하고 흡수하는 것, 그리고 그것으로부터 에너지를 만들어 내는 것 모두 일련의 화학반응에 의한 것으로, 단백질이 필수 요소입니다.

이 외에도 정보전달의 기능을 하는 단백질, 물질의 통로나 수송, 이동에 관여하는 단백질, 세균으로부터의 감염을 막는 단백질 등 다양한 종류의 단백질이 존재합니다. 단백질 없이는 우리 몸의 생명 활동이 불가능합니다.

단백질을 뜻하는 프로틴protein이라는 어원은 '중요한' 또는 '첫 번째'라는 뜻의 그리스어의 'proteios'에서 왔습니다. 단백질을 만드는 최소 구성단위는 아미노산amino acids입니다. 아미노산은 기본적으로 아미노기와 카르복실기를 가지고 있는 분자로, 알파탄소와 연결된 나머지Residue, R에 따라 고유한 이름이 정해집니다.

아미노산은 기본적으로 20종류가 있습니다. 단백질이 건물이라면 아미노산은 벽돌에 해당됩니다. 벽돌을 이어 붙이고 쌓아 건물 구조를 만드는 것처럼 단백질 합성은 아미노산을 연결시켜 사슬을 만드는 것부터 시작합니다. 아미노산과 아미노산의 연결을 펩타이드 결합peptide bond이라고 합니다. 연결된 아미노산이 두 개일 때 다이펩타이드di-peptide, 세 개이면 트라이펩타이드tri-peptide, 수십 개 이상 연결되어 있는 아미노산 사슬을 폴리펩타이드polypeptide라고 부릅니다. 아미노산의 연결 조합에 따라 수많은 종류의 폴리펩타이드가 만들어집니다. 그리고 마침내, 한 개 이상의 폴리펩타이드가 접히고 구부러져 특정한 구조를 갖추고 고유한 기능을 갖게 되면 이를 단백질이라 합니다. 단백질이 기능을 하기 위해서는 3, 4차원상의 단백질 구조가 필수 요건입니다.

가장 간단한 예를 들어보겠습니다. 우리는 잠시라도 산소가 없으면 살 수 없는데, 이 산소를 운반하여 전달하는 것이 헤모글로빈이라는 단백질입니다. 그 이름도 친숙한 헤모글로빈은 혈액의 적혈구 세포에 있는, 철을 가지고 있는 단백질입니다. 헤모글로빈은 4개의 폴리펩타이드 사슬로 구성되어 4개의 산소와 결합할 수 있고, 각 조직으로 산소를 운반합니다. 적혈구 하나에 2억 5천 만 개의 헤모글로빈이 있으니 한 개의 적혈구는 10억 개의 산소분자를 운반할 수 있는 기능을 갖춘 것입니다. 그런 이유로 적혈구나 헤모글로빈이 부족하면 산소를 제대로 공급할 수 없어 혈색이 창백해지고 활력이 떨어지는 빈혈 증상이 나타나는 것입니다.

고기가 붉은 색을 띠는 것은 미오글로빈 때문이라고 했지요. 미오글로빈은 근육에 있는 헤모글로빈 유사 단백질입니다. 다만, 미오글로빈은 1개의 폴리펩타이드 구조를 가진 단백질이라 산소를 전달하는 능력에도 차이가 있습니다. 미오글로빈은 1개의 산소와 결합하고, 내어주는 능력도 헤모글로빈과는 다릅니다.

그럼, 단백질의 크기를 가늠해 볼 수 있는 예를 하나 들어볼까요? 미오글로빈의 크기는 4나노미터^{nm}(1나노미터는 100만분의 1밀리미터)에 불과합니다. 그래서 단백질의 구조나 모양을 확인하려면 'X선 결정학'이 필요한 것입니다. 세포는 마이크로미터의 크기(10~30마이크로미터)를 갖고, 세포가 모여 조직이 되어야 비로소 센티미터 크기로 잴 수 있는 기관을 만듭니다. 미오글로빈의 크기를 작은 골프공으로 본다면 세포는 야구장 크기, 작은 주먹만한 심장은 지름 1,000km의, 한반도 남북의 총 길이(1,100km)에 가까운 공이 되는 셈입니다.

구조가 깨지면 기능도 잃는다

단백질은 세포의 구성성분일 뿐 아니라 생체 안에서 일어나는 각종 화학 반응, 곧 대사를 조절하는 효소 또는 호르몬 등으로 작용합니다. 단백질은 생명체 안에서 못하는 것이 없는 만능 재주꾼이지만, 단백질의 기능은 구조에서 비롯되기 때문에 그 구조가 깨지면 기능도 상실합니다.

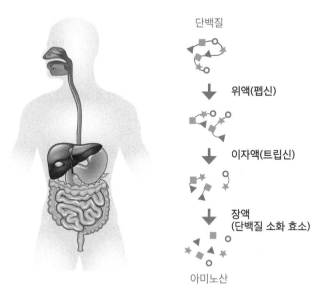

단백질의 소화

예를 들어, 혈당 조절에 문제가 있는 당뇨병 환자는 인슐린 주사를 맞습니다. 인슐린을 약으로 복용하지 않고 주사로 맞는 이유가 바로 인슐린이 단백질이기 때문입니다. 만약 인슐린을 섭취하면 단백질 호르몬인 인슐린은 위와 장을 거치면서 위산과 단백질 분해 효소에 의해 단백질 구조가 깨져버립니다. 이렇게 되면 그 기능도 잃게 됩니다. 약 효과를 기대할 수 없겠지요.

음식을 통해 체내에 들어온 단백질은 위와 장을 거치면서 소화(분해)됩니다. 일상에서 흔히 사용하는 용어인 '소화'는 음식의 영양소를 분해하여 흡수가 가능한 최소 단위로 만드는 과정을 말합니다. 위액에는 펩신pepsin, 장에는 췌장에서 분비되는 트립신trypsin과 카이모트립신chymotrypsin이라는 소화효소 단백질이 있어 특정한 아미노산 간의 펩타이드 결합을 잘라 작은 조각으로 만듭니다.

음식에 들어 있는 단백질은 100개 또는 1,000개 이상의 아미노산이 연결되어 있는 큰 물질(폴리펩타이드)로 위와 십이지장, 소장에서 여러 가지 소화효소에 의해 분해되면서 궁극에는 2개 혹은 3개 정도의 아미노산을 가진 펩타이드가 됩니다. 이들이 최종적으로 장점막세포 안에서 '펩타이드 가수분해 효소'에 의해 유리 아미노산free amino acid이 되면 혈액을 타고 여러 조직으로 이동되어 사용될 수 있는 것입니다.

소화과정을 거쳐 간으로 유입된 아미노산은 단백질

합성에 우선적으로 사용되고, 나머지는 대사되어 포도당이나 지방, 요소 합성에 쓰입니다. 간 외에 소장, 근육, 신장 등의 기관에서는 기관마다 특이한 대사가 일어납니다. 예를 들어 소장에서는 글루탐산과 글루타민, 근육에서는 곁가지아미노산Branched-Chain Amino Acids, BCAAs의 대사가 활발히 진행됩니다. BCAAs는 알파탄소에 연결된 나머지(R)에 '가지 친(분지)' 탄소 분자단을 가지고 있는 아미노산, 곧 발린valine, 루이신leucine, 이소루이신Isoleucine을 말합니다. 아미노산 대사과정에서 생산되는 질소는 요소, 암모니아, 요산 및 크레아티닌 등의 질소 화합물로 전환되어 주로 소변을 통해 배설됩니다. 따라서 단백질을 많이 섭취하면 요소를 만들어야 하는 간과 이를 내보내기 위한 신장의 부담이 커진다고 하는 것입니다.

단백질의 질을 결정하는 것

단백질의 부품이 되는 아미노산은 탄소, 수소, 산소 그리고 질소로 구성됩니다. 지구상에는 각기 다른 모양을 가진 20종의 아미노산이 있습니다. 영양학에서는 아미노산을 인체 내에서 만들 수 있는 것과 만들 수 없는 것으로 구분합니다. 체내에서 만들어지지 않는 아미노산은 음식을 통해 꼭 섭취해야 하기에 '필수아미노산Essential Amino Acids'이라고 부릅니다.

필수아미노산에는 페닐알라닌, 발린, 트레오닌, 메티오닌, 트립토판, 히스티딘, 루이신, 이소루이신, 리신이라는 9개의 아미노산이 있는데, 경우에 따라 아르기닌이라는 아미노산이 추가되어 10개가 되기도 합니다. 이렇게 기본적인 아미노산이 음식을 통해 섭취되면 나머지는 체내에서 만들어 사용할 수 있습니다.

단백질의 질을 평가하려면 그 식품의 아미노산 조성을 보는 것이 우선입니다. '양질의 단백질'이 되려면 모든 종류의 필수아미노산을 골고루 충분히 갖추고 있고, 소화 흡수율이 좋아서 체내 아미노산을 적정하게 채워줄 수 있어야 합니다. 특정 필수아미노산이 없거나 그 함량이 너무 적고 소화가 잘 안 된다면 효용 가치가 떨어집니다.

과거에는 어린 쥐에게 특정 식품의 단백질을 제공하여 체중이 얼마나 늘고 잘 컸는지를 확인하거나, 또는 섭취한 단백질의 질소가 체내에 얼마나 남아있는지를 측정하여 단백질의 질을 평가하였습니다. 이를 생물학적 측정법이라 합니다.

화학적인 방법으로는 제1제한 아미노산(특정 식품에 들어 있는 필수아미노산 중 함량이 가장 적은 것)을 계란이나 우유 단백질의 그것과 비교하는 것이 있습니다. 또한 인체의 필요량에 근거한 아미노산 필요량을 기준으로 한 '아미노산가'로 평가하거나, 인체 단백질의 필수아미노산 패턴과 비교하는 방법도 있습니다.

'완전단백질'로 알려진 달걀이나 우유의 9가지 필수 아미노산 총량은 500mg(단백질 1g당)이 넘고, 그중에서도 페닐알라닌과 루이신, 리신, 이소루이신의 비율이 높습니다. 아마도 이것이 병아리가 되기 위한, 또는 송아지를 키우기 위한 최적의 아미노산 비율일 것입니다. 이들 식품과 비교하면 인간의 모유(465mg), 소고기(458mg), 콩(444mg)은 필수아미노산 함량도 상대적으로 적고, 그 구성이 적절치 않은 것처럼 보일 수 있습니다.

그렇지만 인체의 단백질을 구성하는 필수아미노산의 합은 287mg(단백질 1g당)입니다. 이 중 루이신과 리신이 각 55mg, 51mg으로 가장 많고, 이어 페닐알라닌, 트레오닌, 메티오닌, 이소루이신, 히스티딘 등으로 구성되어 있습니다. 계란이나 우유 대비 총 함량도 적고 그 구성비도 다르지요. 예를 들어 우유나 달걀과 비교할 때 콩은 메티오닌이 부족해 보입니다. 그러나 인체 단백질의 필수아미노산의 양이나 패턴을 기준으로 비교한다면 결코 부족하다 할 수 없습니다. 반면 밀은 인체 단백질이 필요로 하는 만큼의 리신을 가지고 있지 못해 단백질의 질이 낮다고 하는 것입니다. 이처럼 평가 방법에 따라 단백질의 질이 다르게 평가될 수 있는 것입니다.

때문에, 단백질의 질을 평가하는 데 있어 가장 유용하게 사용되는 방법이 바로 '소화율이 고려된 아미노산가' Protein Digestibility Corrected Amino Acid Score, PDCAAS입니다. PDCAAS는 소화율을 고려하여 산출한(아미노산가/100×소화율) 평가값으로, 최고치는 '1'입니다. 우유(카제인 또는 유청 단백질)와 달걀 흰자, 대두 단백질의 PDCAAS는 '1'이며, 이것이 이들 식품이 완전단백질이라 간주되는 이유입니다. 쇠고기와 대두는 각각 0.92와 0.91로, 역시 양질의 단백질 식품으로 평가됩니다. 반면 기타 콩류는 0.7, 곡류와 통밀은 각각 0.59와 0.42로 단백질의 질이 낮은 편입니다.

대체적으로 동물성 식품이 PDCAAS가 높아 식물성 식품보다 단백질의 질이 좋은 편입니다. 즉 일반적으로 단백질은 동물성 식품에 많이 포함되어 있고 그 질도 좋다고 할 수 있습니다. 하지만 이것이 단백질을 반드시 동물성 식품을 통해 섭취해야 한다는 뜻은 아닙니다. 왜냐하면 개별 식품이 지닌 단백질의 질보다는 전체 식사에서 섭취되는 단백질의 질이 더 중요하기 때문입니다.

특수한 상황이 아니라면 우리는 특정한 식품만을 먹고 살지 않습니다. 대개 여러 가지 음식으로 차려진 식사를 통해 영양소를 섭취합니다. 비록 곡류와 통밀 각각의 단백질의 질이 완벽하지 않다고 하더라도, 다른 음식과 함께 먹음으로써 얼마든지 각기 부족한 아미노산을 충분히 채울 수 있습니다. 이를 '단백질 보충 효과'라고 합니다. 예를 들어 쌀을 콩과 함께 먹거나 밀가루에 리신이나 트레오닌을 강화하여 단백질의 질을 높이는 것입니다.

단백질의 제1급원식품

단백질의 필요량은 얼마나 될까요? 사실 일반 사람들에게는 필요량보다 '권장량'이 친숙한 용어입니다. 요즘에는 영양섭취기준을 제시할 때 필요추정량, 평균필요량, 권장섭취량, 충분섭취량, 상한섭취량 등 정확한 정보 전달을 위한 전문적 용어를 사용하기는 합니다만, 여기에서는 우리에게 익숙한 '권장량(권장섭취량)'을 사용하겠습니다.

한국인의 영양섭취기준에는 성별, 연령별 및 임산부, 수유부 등 생애주기의 특성을 고려한 단백질 권장섭취량이 제시되어 있습니다. 이는 인체 내의 단백질이 합성과 분해의 균형을 이루는 데 필요한 양을 근거로 하여 설정된 값입니다. 가장 최근 버전(2015년)의 한국인 영양섭취기준에 의하면 성인의 단백질 평균필요량은 체중 1kg당 약 0.73g, 권장량은 개인차를 고려해 평균필요량의 1.25배인 0.91(g/kg/일)이 제시되었습니다. 체중이 70kg이면 64g의 단백질 섭취를 권장한다는 뜻입니다. 필수아미노산의 권장량은 아미노산별로 차이가 있지만 모두 합하면 0.237g/kg/일로 70kg의 성인 기준 16.6g 정도가 됩니다. 간단히 말해, 단백질 권장량은 본인의 체중에 0.9를 곱한다고 생각하면 됩니다.

하루에 약 60g의 단백질을 섭취해야 한다면, 식품으로는 그 양이 대략 얼마나 될까요? 기억을 더듬어 보면 동물의 몸인 고기는 많아야 20%가 단백질이라고 했습니다. 100g의 고기를 먹으면 대략 20g의 단백질을 얻을 수 있다는 것이지요. 달걀 100g(약 2개)에는 11g, 콩 100g에는 약 36g의 단백질이 들어 있습니다.

영양학자들은 영양과 섭취량을 고려하여 한 번 먹기에 적당한 양을 '1회 분량'이라 정해 두었습니다. 고기나 생선은 60g, 콩은 20g, 두부는 80g, 우유는 1컵인 200g이 1회 분량에 해당됩니다. 각각의 1회 분량을 먹으면 고기나 생선은 10g, 콩은 7g, 우유는 약 6g 정도의 단백질을 섭취할 수 있는 것입니다. 그런데 단백질 급원식품으로 분류되어 있지 않은 쌀이나 밀, 감자, 옥수수 등에도 단백질이 들어 있습니다. 주로 반상을 차려 먹는 한국인의 식단에서 단백질 제1급원식품이 되는 것은 '쌀'입니다. 이는 하루 세끼 식사만 잘 한다면 단백질 부족을 그리 걱정할 필요가 없다는 뜻이기도 합니다.

한국인 1인당 1일 평균 단백질 섭취량은 2007년 66g에서 2016년 72g으로 10년간 10% 가까이 증가하였습니다. 전체 단백질 섭취량에서 동물성 단백질이 차지하는 비중 또한 높아졌습니다. 2009년에는 단백질 섭취량의 40% 정도(41%, 68g 중 31g)가 동물성 단백질이었으나, 2016년에는 절반(47%, 72g 중에 38g)에 가까운 수준이 되었습니다.

2016년 기준 에너지 섭취량이 많은 남성의 단백질 섭취량(85g)은 여성(58g)보다 높았으며, 연령대별로는 20대(19~29세)의 단백질 섭취량이 85g으로 가장 많았고, 10대

	2009년	2016년
전체 단백질 섭취량	68	72
동물성 단백질 섭취량	31	38

2016년	
남성	85g
여성	65g

2016년	
10대	79g
20대	85g
30대	79g
40대	79g

한국인 평균 단백질 섭취량

와 30~40대 모두 79g으로 평균 섭취량을 웃돌았습니다. 동물성 단백질 섭취량 역시 20대(19~29세)가 52g(전체 단백질의 55%)으로 가장 많았습니다. 이들의 단백질 급원 식품은 닭고기(단백질 섭취량 14g, 전체 단백질 섭취량의 17%), 돼지고기(11g, 13%), 백미(8g, 9%), 소고기(6g, 8%), 달걀(4g, 5%) 순으로 전체의 약 52%를 차지합니다. 과연 젊은이들의 '닭고기 사랑'을 실감할 만하지요. 하루에 돼지고기와 닭고기를 70g 가까이(각각 69g, 66g), 소고기는 그 절반 정도인 38g을 먹는 셈입니다.

한편, 우리 국민의 평균 단백질 공급원 1위는 백미(단백질 섭취량 9g, 전체 단백질 섭취량의 13%)입니다. 이어

돼지고기와 닭고기에서 각각 8g, 7g, 그리고 쇠고기, 달걀로부터 각 4g 정도를 섭취하고 있습니다. 그렇지만 대표적인 식물성 단백질 식품인 두부와 대두로부터 섭취하는 단백질량은 각각 1.4g, 1.0g에 불과했습니다.

백미가 한국인의 주 단백질 급원이 된 까닭은 그만큼 쌀을 많이 먹고 있기 때문입니다. 한국인들이 하루에 평균적으로 섭취하는 백미의 양은 143g 이라고 합니다. 고기의 경우 돼지고기, 닭고기가 각각 46g, 31g, 소고기가 24g 정도 섭취되고 있는 것으로 보고되었습니다.

10강
육류가 아닌,
동물성 단백질 급원식품

앞 강에서 단백질이 무엇인지, 어떤 식품에 단백질이 들어 있는지, 단백질의 질은 어떻게 평가하는지, 어떤 것이 양질의 단백질인지를 살펴보았습니다. 우리는 여러 자료들을 통해 단백질이 우리 몸에 중요한 것은 맞지만, 필요량이 그리 많은 것은 아니라는 점, 그리고 어느 정도의 기본적인 식생활을 하는 성인이라면 일반적인 식사로도 이미 충분한 단백질을 섭취하고 있음을 알 수 있었습니다.

그렇지만 이상하게도 기운이 떨어지거나 지칠 때, 또는 무언가 먹어야 힘이 날 것 같을 때면 왠지 특별한 보양식을 찾게 됩니다. 그리고 그 보양식은 여지없이 갈비나 불고기, 삼겹살, 삼계탕, 오리고기와 같은 식품들입니다. 옛날에는 충분히 먹을 수 없어 귀한 음식이었던 '남의 살'에 한

(恨)이라도 맺힌 듯, 보양식의 종류는 달라도 대체로 먼저 떠오르는 것이 '동물의 몸'이고, 영양성분으로는 단백질과 지방이 많은 식품들입니다. 그러나 여러 이유로, '남의 몸'으로 '내 몸'을 보양하기가 왠지 찜찜한 독자들을 위하여, 육류가 아닌 동물성 단백질 급원식품에 대해 조금 더 알아보겠습니다.

고기보다 월등한 생선의 가치

먼저 생선이 있습니다. 생선은 단백질이 많고 칼슘과 같은 무기질이나 비타민 B, 비타민 D 등의 영양이 풍부한 식품입니다. 생선의 단백질 함량이나 필수아미노산 조성은 육류 못지않습니다. 영양적 관점에서 육류를 레드미트, 화이트미트로 나누는 것과 유사하게 생선은 등푸른생선과 흰살생선으로 구분합니다. 참치, 연어, 고등어, 꽁치 같은 것들이 등푸른생선이고, 넙치, 가자미 등은 흰살생선입니다. 등푸른생선이 흰살생선에 비해 지방이 많습니다.

생선의 지방은 보통 피부 아래와 근육층 사이에 저장되어 있습니다. 반면 흰살생선의 지방은 주로 간에 저장되어 있습니다. '간유'라는 말을 들어 보셨지요? 이는 간의 기름을 말하는데, 생선의 간에는 지방뿐 아니라 비타민 A, 비타민 D와 같은 지용성 영양소가 많이 들어 있습니다. 그래서 예전에는 간유가 아이들에게 발생하는 구루병과 같은 영양부족 질환을 예방하는 데 사용되기도 했습니다.

생선의 지방은 보통 '지방'이라 하지 않고 '기름'이라고 말합니다. 생선의 지방이 보통 액체 상태이기 때문입니다. 지방이 고체 상태인지, 액체 상태인지는 그 지방을 구성하는 지방산의 조성에 달려 있습니다. 생선은 불포화지방산이 많아 액상입니다. 그중에서도 오메가3지방산인 EPA^{Eicosapentaenoic Acids}, DHA^{Docosahexaenoic Acids}가 많다는 특징이 있습니다. 이들 불포화지방산은 녹는 점이 낮아 찬 바다 속에서 생선의 몸이 굳어지는 것(어는 것)을 예방하는 역할을 합니다. 인체는 EPA나 DHA 모두 합성할 수 있기는 합니다만(곧, 필수 지방산은 아니라는 뜻이지만) 이들 지방산은 음식을 통해 섭취하는 것이 더 효율적입니다.

현재 일반인들의 식생활을 보면, 오메가6지방산은 과하게 먹고 있는 반면 오메가3지방산의 섭취량은 적습니다. 예전에는 다양한 자연식품을 통해 오메가3지방산을 적절히 섭취할 수 있었습니다. 그런데 대량 경작을 하게 되면서 특정 작물만 많이 먹게 되어 오히려 다양한 식품을 섭취하지 못하고 있습니다. 편중된 식생활로 오메가3지방산을 충분히 얻을 수 없어 지방산의 균형이 깨지게 된 것입니다.

체내에서 오메가3지방산과 오메가6지방산은 각기 맡은 역할이 다릅니다. 지방산의 족보가 오메가3인지, 오메가6인지에 따라 체내에서의 기능 차이가 있기 때문에 이들의 균형이 중요합니다. 특히 성장기의 어린이나 노인들은 오메가3지방을 충분히 섭취해야 합니다. 이 시기에는 필요에 비해 체내 합성력이 미약하기 때문입니다.

EPA, DHA라는 말은 식품이나 약품 광고에도 등장하여 낯설지 않은 단어입니다. 뇌의 성장 및 발달에 관여하고 심혈관 질환과 치매 예방에 도움이 되는 이들 지방산은 특히 눈의 망막이나 뇌를 구성하는 세포에 많이 쓰입니다. 구조물이 연약하면 제 기능을 발휘하기 힘들다는 것은 너무나 당연한 이치이지요. 그래서 전문가들은 건강한 식생활을 위해 생선 섭취를 권장합니다. 자연식품 중 오메가3지방산 함유량이 가장 많은 것이 생선이니까요.

또한 생선 단백질은 소화 흡수가 잘되고 메티오닌, 리신 등의 필수아미노산이 고기 못지않습니다. 생선을 꾸준히 섭취하면 심장병이나 염증, 관절염의 위험도를 줄인다는 연구결과가 속속 보고되어 왔습니다. 이러한 건강상의 효과는 대부분 오메가3지방산과 연관되어 설명되지만, 생선 단백질이 생리 활성을 가진 펩타이드를 많이 함유하고 있다는 것 또한 한 몫을 할 것입니다.

이들의 건강상 이점은 레닌-안지오텐신-알도스테론 시스템renin-angiotensin-aldosterone system에 작용하는 효소를 저해하여, 혈압 조절 효과 및 뼈 건강 유지, 염증 조절, 오피오이드 펩타이드opioid peptide 작용을 통한 정신 건강 증진 등에 도움이 된다는 것입니다. 또 생선은 고기보다 생산에 필요한 사료 전환율이 높다는 장점도 있습니다.

여러 가지 면에서 고기보다 생선을 먹는 것이 더 바람직할 것 같기는 합니다만, 생선이라고 모두 안전한 것은 아닙니다. 생선회의 경우 기생충이나 미생물 오염에 대한 주의가 필요합니다. 또 중금속으로 인한 위해 가능성도 완전히 배제할 수는 없습니다. 인간이 만들어 낸 수많은 오염물질의 집합소가 바로 바다니까요. 비소, 수은, 카드뮴 및 PCBs^Polychlorinated Biphenyls 등으로 인한 위해성은 오메가3지방을 제공하는 자연식품으로서의 생선의 장점을 약화시키는 요인이 됩니다. 일반적으로 큰 물고기보다는 작은 물고기가 중금속 오염에 상대적으로 안전합니다. 한편 영국의 비영리재단 해양보존협회^Marine Conservation Society는 '좋은 생선 가이드^Good Fish Guide'를 마련하여, 생선을 선택할 때에도 생태계의 지속가능성을 고려하는 활동을 전개하고 있습니다.

달걀 한 알은 영양의 보고

단백질 영양에서 빼놓을 수 없는 것이 달걀입니다. 궁핍했던 시절에는 달걀 하나가 무척 귀한 음식이었습니다. 제사상에 올랐던 삶은 달걀과 어머니가 싸 주시던 도시락의 달걀부침 한 장은 당시 달걀의 가치를 함축적으로 보여 줍니다.

달걀은 새로운 생명체, 즉 병아리(닭) 탄생에 필요한 모든 영양성분을 가지고 있습니다. 그래서 완전식품으로 간주되어 왔지요. 더 정확하게는 '완전단백질'에서 비롯된 평가입니다. 달걀은 단백질 함량과 필수아미노산 조성이 훌륭하여 부족함이 없기 때문입니다.

달걀은 흰자와 노른자의 구성성분이 크게 다릅니다. 달걀 흰자에는 달걀의 90%에 해당하는 수분이 들어 있고 단백질(오브알부민^{ovalbumin})이 절반을 차지합니다. 달걀 무게의 1/3을 차지하는 노른자에는 달걀 전체 단백질의 절반 정도가 들어 있습니다. 지방과 철분, 마그네슘, 아연, 셀레늄 등의 각종 무기질과 비타민 A, D, E, K 및 지아잔틴^{zeaxanthin}, 루테인 등의 미량 영양소도 풍부합니다. 과연 영양의 보고라 할 만합니다.

그럼에도 달걀은 지난 몇십 년간 좋지 않은 눈초리를 받아왔습니다. 심혈관 질환을 일으키는 원흉으로 콜레스테롤이 지목되자, 콜레스테롤이 많이 함유된 달걀도 비난의 화살을 피할 수 없었던 것입니다. 혈액 내의 콜레스테롤 수치가 높아지면, 특히 LDL 콜레스테롤이 증가하면 심혈관 질환의 위험도가 높아진다는 것은 사실입니다. 그런데 혈액에 있는 콜레스테롤이 모두 음식에서 비롯되는 것은 아닙니다. 콜레스테롤 역시 우리 몸에 필요한 물질로 하루 약 1g가량이 쓰입니다. 이 중 약 30%만 음식을 통해 들어온 것이고 나머지 70%는 체내에서 합성된 것입니다.

콜레스테롤은 섭취하는 양이 많아지면 합성되는 양이 줄고, 섭취량이 적어지면 체내에서 더 많은 콜레스테롤이 만들어져 필요량을 채웁니다. 그렇지만 섭취량이 많다고 해서 그 양이 모두 흡수되는 것도 아닙니다. 장에서의 흡수량도 상황에 따라 달라집니다. 혈액의 콜레스테롤 수치를 줄이려면 무엇보다 콜레스테롤 합성을 줄여야 합니다.

체내의 콜레스테롤 합성을 촉진하는 것은 식품에 들어 있는 콜레스테롤이 아닌 포화지방산입니다. 포화지방산은 육류에 많습니다. 그리고 보면 애먼 달걀만 욕을 먹은 셈입니다. 콜레스테롤이 많이 들어 있다고 해서 노른자를 거부할 필요는 없습니다. 오히려 노른자에는 혈중 콜레스테롤을 낮추고 항산화 기능으로 심장병과 치매, 노화를 예방하는 인지질, 즉 레시틴이 많이 포함되어 있습니다. 또한 노른자의 루테인, 지아잔틴 등의 카로티노이드는 시각 기능의 저하를 막고 눈 건강에 도움이 되는 물질입니다.

덧붙여 말하면, 달걀 껍데기의 색 역시 영양이나 맛과는 무관합니다. 어미 닭의 품종에 따라 그 색이 다를 뿐입니다. 요즘 어린이들에게 달걀의 '색'을 묻는다면 아마도 '갈색'이라고 답할 것입니다. 시판되는 달걀이 대부분 그러하니까요. 과거에는 흰색 달걀이 더 많았습니다. 부활절이 되면 흰색 달걀을 알록달록 물들이고 예쁘게 그림을 그려 넣곤 했는데, 1980년대 이후 갈색 달걀을 선호하는 소비자들이 많아지면서 흰색 달걀을 찾기 어렵게 되었습니다.

이처럼 소비자의 인식에 따라 신분차가 생긴 또 다른 예로 유정란과 무정란이 있습니다. 이들은 수탉의 도움 여

부에는 차이가 있지만, 영양적으로는 차이가 없습니다. 오히려 유정란의 노른자가 더 진할 것 같다는 소비자의 기대에 부응하기 위해 인위적으로 색소를 주입하는 웃지 못할 상황도 있었습니다. 달걀 노른자의 색은 닭의 먹이에 따라 영향을 받기는 하지만 유, 무정란이나 신선도와는 무관합니다.

달걀을 선택할 때 그보다 더 먼저 고려해야 할 것은 닭의 사육환경일지도 모릅니다. '닭이 먼저냐, 달걀이 먼저냐'라는 문제에 대한 답은 아직도 미제로 남아있지만, 달걀의 안전성이 닭을 키우는 사육환경에 좌우될 수 있다는 것만큼은 의심의 여지가 없다고 말할 수 있겠습니다.

젖 뗀 후에도 우유를 먹는 인간

인간은 젖을 뗀 이후에도 우유를 마시는, 참 특이한 포유류입니다. 젖은 포유류 새끼의 유일한 음식으로, 갓 태어난 새끼의 성장과 발달에 필요한 모든 영양소를 공급합니다. 동물의 젖은 그 종에 맞도록 최적화되어 있습니다. 우유는 송아지의 성장 속도에 맞게 영양밀도가 높고 단백질과 칼슘 등이 많이 들어 있습니다. 그래서 우유는 어린 송아지들에게 완전식품이 됩니다. 인간의 젖인 모유와는 차이가 있지만 오래전부터 '우유'는 건강과 풍요로움을 상징하는 영양 만점의 식품으로 여겨져 왔습니다.

	일반우유	저지방우유	고칼슘우유	바나나맛우유	딸기맛우유
열량(kcal)	61	36	53	77	58
탄수화물(g)	5.0	4.6	7.3	11.2	9.6
단백질(g)	2.8	2.9	3.1	2.5	2.1
지방(g)	3.3	0.6	1.3	2.5	2.1
칼슘(mg)	91	105	300	54	49
인(mg)	83	95	74	42	37
칼륨(mg)	155	151	152	93	89
나트륨(mg)	40	102	152	93	89
비타민A(μg)	52	10	24	23	20
비타민B₁(mg)	0.06	0.04	0.06	0.05	0.04
비타민B₂(mg)	0.05	0.06	0.11	0.12	0.06
나이아신(mg)	0.4	0.8	0.3	–	0.1

*각 회사의 제품마다 함량의 차이가 있을 수 있습니다   출처: 농촌진흥청

우유의 영양성분 비교

우유를 단백질 식품 또는 칼슘의 급원으로 생각하는 이유는 구성성분의 88%를 차지하는 수분을 뺀 나머지 12%에 달려 있습니다. 일반적으로 단백질 급원식품이 되려면 중량 대비 단백질 함량이 10% 정도는 되어야 합니다. 그런데 우유의 단백질 함량은 3.5% 전후에 불과합니다. 그럼에도 우유를 단백질 급원으로 생각하는 이유는 '1회 섭취량'에 해당되는 한 컵(200~250ml)만으로도 상당량의 단백질을 섭취할 수 있기 때문입니다.

우유의 단백질은 질적으로도 우수하고, 소화흡수도 잘 됩니다. 단백질의 대부분(80%)은 카제인casein이고, 나머지(20%)가 유청 단백질whey protein입니다. 카제인 단백질은

치즈, 조제분유, 또는 커피믹스 등을 만들 때 사용되고, 유청은 단백질보충제의 원료로 활용됩니다. 우유에 들어 있는 또 다른 단백질 중에 '락토페린lactoferrin'이라는 것이 있습니다. 락토페린은 초유에 들어 있는 단백질로 대장균 등 유해균의 증식을 억제하는 기능이 있어 면역글로블린과 함께 면역력을 확보하는 데 도움이 됩니다.

우유가 포함하고 있는 또 다른 성분 중 하나가 유당lactose입니다. 유당은 포도당과 갈락토오스가 결합한 이당류입니다. 유당은 우유의 단백질이나 지방보다 함유량이 많아 약 5.5% 정도를 차지합니다. 유당은 칼슘의 흡수를 돕고 장내 유익균인 비피더스의 성장을 도우며, 변비를 예방하는 효과도 있습니다.

한편 우유를 소화시키지 못해 우유를 먹으면 배가 더 부룩해지거나 설사를 하는 사람들이 있습니다. 주로 나이가 든 사람들에게 나타나는데, 바로 유당을 분해시키지 못하기 때문입니다. 이를 유당불내증lactose intolerance이라고 합니다. 영아는 모유의 유당을 분해하여 에너지를 얻을 수 있지만 젖을 떼고 나면 유당분해효소lactase가 더는 만들어지지 않습니다.

유당분해효소는 유당을 섭취할 때만 활성화됩니다. 유럽이나 북미의 백인들은 오랜 기간 지속적으로 동물의 젖을 먹어 왔기에 평생 유당을 소화시킬 수 있는 능력이 있습니다. 반면 동양인의 85%는 유당을 잘 분해하지 못하니다. 유당에 대한 내성을 키우려면 우유를 계속 마셔야 합니다. 유당불내증이 있는 경우 적은 양으로 나눠 먹거나, 요구르트와 같은 발효 식품을 섭취함으로써 유당으로 인한 불편한 증상을 줄일 수 있습니다.

우유도 동물성 식품이다보니 콜레스테롤과 지방이 함께 들어 있습니다. 우유는 지방과 단백질 함량이 거의 비슷합니다. 단백질을 섭취하는 만큼 지방도 먹게 된다는 뜻이지요. 우유의 지방 함량은 3.4%를 기준으로, 그 이상일 때 전우유whole milk, 지방을 2%, 또는 1.7% 이하로 줄이면 '저지방low fat'으로 표기할 수 있습니다. 지방의 함량이 줄면 고소한 맛은 덜해지지만 콜레스테롤이나 지방 섭취량은 줄일 수 있겠지요. 우유의 콜레스테롤은 양이 많지도 않을 뿐더러 식품을 통해 섭취하는 콜레스테롤은 크게 문제될 것이 없다 했으니 그리 걱정할 일은 아닙니다.

반면 유지방 그 자체는 포화지방의 비율이 높다는 특징이 있습니다. 사슬의 길이가 8개 이하인 짧은 지방산도 들어 있지만 실제 그 양이 많은 것은 아닙니다. 유지방에는 탄소 16개의 팔미트산palmitic acid이 가장 많은데, 이 지방산은 탄소 14개짜리 지방산인 미르스트산myristic acid과 더불어 콜레스테롤 합성 효과가 큰 포화지방산입니다. 혈청 콜레스테롤이 높아지면 동맥경화, 고지혈증, 심장병, 뇌졸중의 위험도 높아집니다.

오래전부터 영양학자들은 우유를 단백질 식품이라

기보다 '칼슘'의 공급원으로 분류하였습니다. 흔히 우유를 '칼슘의 왕'이라고 하지요. 우유의 칼슘 함량은 100g당 100mg가량 됩니다. 우유 한 컵(200ml)을 마시면 200mg의 칼슘을 섭취할 수 있으니 매끼 우유 한 잔만 곁들이면 칼슘의 권장섭취량을 어렵지 않게 채울 수 있습니다. 더욱이 우유의 칼슘은 다른 식품에 비해 흡수율도 좋은 것으로 알려져 있습니다. 유당이 칼슘의 흡수를 돕기 때문입니다. 이처럼 칼슘과 불가분의 관계를 맺고 있는 우유는 유제품에 대한 맹신의 불을 지폈습니다. 칼슘은 한국인의 식생활에서 가장 부족하게 섭취되는 영양소이니까요.

한국인의 칼슘 섭취량이 낮은 이유는 전통적으로 우유를 많이 마시지 않아 왔기 때문입니다. 칼슘 섭취량이 부족하면 골격의 성장이 더디고 뼈와 이가 약해집니다. 골다공증의 원인도 칼슘 부족과 무관하지는 않습니다. 그러나 우유와 칼슘, 골다공증의 삼자 구도가 과대 포장된 면도 없지 않습니다.

사실 골다공증 발생률은 우유 섭취량이 많은 미국 등에서 오히려 더 높습니다. 미국 여성들은 하루 평균 1리터 정도의 우유를 마시지만 65세 이상 여성 4명 중 1명이 골다공증을 겪고 있습니다. 이들은 고기도 많이 섭취합니다. 육류에는 단백질과 인, 포화지방이 많이 들어 있습니다. 과도한 단백질 섭취는 칼슘의 배설을 촉진합니다. 인 또한 칼슘의 흡수를 방해하는 대표적인 영양소입니다. 물론 골다공증의 원인을 칼슘만으로 설명할 수는 없습니다. 골다공증은 식생활은 물론 운동 등의 여러 가지 생활 습관과도 무관하지 않기 때문입니다.

이런 점들을 고려할 때, 우유의 가치를 어떻게 받아들일지는 개인의 선택에 달려있습니다. 단 우유만이 칼슘을 섭취할 수 있는 유일한 방법은 아니라는 점만큼은 기억하는 것이 좋겠습니다.

11강
단백질보충제의
허와 실

건강을 위협하는 비만 때문이든, 아름다움에 대한 열망 때문이든, 다이어트 열풍은 식을 줄 모릅니다. 다이어트를 하는 진정한 이유나 목표는 각기 다를지 몰라도, 그 바탕에는 타인에게 젊고 예쁘게 보이고 싶은 욕망이 자리합니다. 과거에는 다이어트의 중심에 여성들이 있었다면 요즘에는 남성들도 여성 못지않게 다이어트에 관심이 많습니다. 그런데 여성과 남성의 다이어트 식단에는 조금 차이가 있습니다. 여성이 샐러드 등의 열량이 적은 채식을 주로 한다면, 남성들은 이른바 '황제다이어트'라고 하는 육식 위주의 고지방, 고단백 식사를 선호합니다. 또 '초콜릿 복근'을 자랑할 만한 단단한 근육질 몸매를 만든다는 목표로 단백질보충제protein supplements를 먹으며 열심히 다이어트를 합니다.

단백질보충제는 식품이다

단백질보충제는 '단백질'과 관련된 영양성분을 별도로 섭취하기 위한 식이보충제를 말합니다. 우리말로는 근육보충제, 근육강화보충제, 근육강화제, 헬스보충제 등 근육의 생성과 근력 강화를 연상시키는 이름을 갖고 있으며, 영어로는 프로틴파우더protein powder 등의 이름으로 불립니다. 운동생리학이나 스포츠영양학에서는 단백질보충제를 운동수행능력 향상 보조제 또는 경기력 향상 보조제ergogenic aids 정도로 다룹니다.

다수의 전문 운동선수가 단백질보충제를 먹고 있어서인지, 운동을 즐기는 일반인들이나 근육을 만들고 싶어하는 사람들도 이를 식이보충제dietary supplements로 애용하고 있습니다. 특히 영국이나 미국 등 서양에서는 건강한 라이프스타일을 추구하는 사람들이 즐겨 찾는 식이보충제로 자리 잡아가고 있기도 합니다. 단백질보충제가 근육의 힘을 키우는 것뿐 아니라 전신 건강 유지에도 도움이 된다는 보고가 잇따르자, 일반인들도 근육량lean body mass(또는 제지방량)을 늘리거나 체성분 구성비를 개선하기 위해 이를 섭취하곤 합니다.

20세기 초반만 해도 단백질은 주요 에너지 공급원이 아닌 것으로 알려져 있었습니다. 1940년에 들어서야 단백질을 근육량이나 근력 향상과 관련된 보충제로 인식하고 이에 대한 연구가 수행되었습니다. 초창기 연구에서는 단백질이 지구력을 향상시키지 못한다고도 하였고, 반면 근력 운동을 하는 선수들이 섭취할 경우 근육량이 증가된다는 결과도 있었습니다. 이렇게 일관되지 않은 연구 결과에도 불구하고 운동선수들은 당시에 제안된 영양생리학적 요구량 이상으로 단백질을 섭취했습니다. 단백질에 대한 믿음이 거의 맹신에 가까웠던 것 같습니다.

이후 보디빌딩이 인기를 얻게 되면서 단백질보충제가 근육량을 증가시킬 수 있는 수단으로 떠오르게 되었습니다. 근육질 몸매를 만드는 데 효과가 있다고 소개하는 다양한 제품이 시장에 나왔는데, 초기 제품은 주로 콩가루와 다량의 감미료가 함유된 혼합분말 형태였습니다. 달걀단백질, 카제인 등을 함유한 단백질보충제가 비교적 싼 가격에 공급되면서 높은 판매고를 올리게 됩니다.

근대 보디빌딩의 전성기였던 1970년대에는 보디빌딩에 대한 대중적인 인기에 발맞춰 다양한 단백질보충제 제품이 시장에 쏟아져 나왔습니다. 이는 과학적 근거에 의한 것이라기보다 근육을 키워 멋있게 보이고자 하는 소비자의 요구에 발 빠르게 대응한 제조업자들 때문이었습니다. 마케팅의 영향으로 제품력 또한 진일보하였고 단백질 분리물이나 아미노산 등을 함유한 단백질보충제가 판매되었습니다. 1980~90년대 들어서야 비로소 단백질보충제의 아미노산, 단백질 합성 및 호르몬 생성 등에 대한 연구가 시작되었습니다.

1980년대 후반에는 곁가지아미노산의 신화가 만들어지는 사건이 생겼습니다. 지구력 운동을 하는 동안, BCAAs가 에너지원으로 사용된다는 연구 결과가 보고되었는데, 이것이 피트니스잡지나 러닝잡지 등을 통해 전해지면서 일부 운동선수들이 운동능력 향상과 근육량 유지를 위해 BCAAs인 이소로이신^{isoleucine}, 루신^{leucine} 및 발린 보충제를 섭취해야 한다고 믿게 된 것입니다. 과학적 증거를 확대 해석하게 된 오류라고 할 수 있습니다.

　　1990년대에 들어서는 단백질과 아미노산 음료의 생산량이 비약적으로 증가하였고, 단백질보충제 제조업체는 운동 중 단백질과 아미노산 음료를 섭취해야 한다고 강조하며 집중적인 마케팅을 전개했습니다.

　　시판되고 있는 일반적인 단백질보충제는 공통적으로 몇 가지 원료를 파우더(분말) 형태로 전환하여 대형 산업용 교반기에서 혼합해 제조합니다. 대표적인 제품인 '프로틴쉐이크'를 예로 들어, 단백질보충제의 성분을 살펴보겠습니다.

　　먼저, 단백질 공급원인 유청이 들어 있습니다. 유청은 치즈를 만들 때 부산물로 얻을 수 있는 단백질입니다. 앞서 언급한 BCAAs인 루신과 이소루신, 발린이 많이 들어 있습니다. 레시틴^{lecithin}은 유화제 역할을 하는데 단백질 분말이 뭉치지 않도록 하여 마시기 좋게 만들어 줍니다. 레시틴은 주로 콩에서 분리한 것을 사용합니다. 잔탄검$^{xanthan\ gum}$은 식

시판 중인 단백질보충제

품의 점착성과 점도를 높여주기 위해 사용하는 식품첨가물입니다. 음료의 질감을 걸쭉하게 만들어 주는 효과가 있습니다. 스테비아 추출물stevia extract은 적은 양으로 단맛과 청량감을 주는 일종의 감미료입니다. 아미노겐aminogen은 프로틴 쉐이크의 단백질 흡수를 도와주는 효소 화합물입니다. 이러한 성분들만 보면 우리 몸에 충분한 단백질을 제공해 줄 것 같습니다.

그런데 반드시 기억할 것은 단백질보충제는 식품이지 약품이 아니라는 것입니다. 시판되는 제품들 중 일부는 '건강기능식품'이라는 문구나 인증마크가 있는데, 이는 단백질보충제에 함유된 '단백질'이 건강기능식품 공전에 등재된 기능성 원료(약 95종의 원료가 등재)이기 때문입니다. 건강기능식품 제조를 허가 받은 업체가 기능성 원료로 등록된 성분 중 하나 이상을 사용하였고, 일정 규격을 충족하였다는 뜻으로 이해하면 됩니다.

유청 단백질과 대두 단백질의 비교

단백질보충제의 단백질은 우유, 달걀 등의 동물성 단백질 또는 콩, 쌀 등의 식물성 단백질 등을 사용합니다. 대표적으로 가장 많이 사용되고 있는 것이 앞서 말한 우유에서 얻는 유청 단백질입니다. 유청 단백질은 소화 흡수가 잘되는 것은 물론 BCAAs를 풍부하게 함유하고 있습니다. 특히 다른 단백질 소재보다 근육 단백질의 주성분인 필수아미노산, 루신의 함량이 더 많다는 특징이 있습니다. 유청 단백질은 소화 속도가 빠르기 때문에 근단백질 합성을 촉진시키는 것으로 알려져 있습니다.

참고로 소화 흡수가 빠른 단백질은 혈중 아미노산 농도를 빨리 올리기 때문에 단백질 합성을 증가시키는 효과가 있습니다. 이러한 이유로 인해 유청 단백질이 저항성 운동

후나 안정 상태 모두에서 카제인이나 콩 단백질보다 근단백질 합성에 더욱 효과적인 것으로 보고된 적이 있습니다. 또한 유청 단백질이 식욕을 감소시키고 지방 분해를 촉진시킨다는 연구 결과 역시 유청 단백질의 가치를 높여주는 이유가 됩니다.

유청 단백질에 이어 많이 사용되는 소재는 대두나 완두콩 등에서 분리한 콩 단백질입니다. 특히 대두 단백질soy protein은 단백질보충제에 사용되는 대표적인 식물성 단백질입니다. 대두 단백질은 유청 단백질에 비하여 흡수 속도는 다소 느리지만 BCAAs 함유량이 유사하고 단백질의 질적인 면에서 유청 단백질과 동일하게 평가 받고 있습니다. 영양적인 측면 외에도 경제적이라는 장점이 있습니다. 대두 단백질을 이용한 단백질보충제는 유제품이나 달걀에 알레르기가 있는 사람이나 채식주의자들에게 유용합니다. 최근에는 유청 단백질과 대두 단백질을 혼합하거나 다양한 식물성 단백질을 혼합한 제품도 많이 개발되었습니다.

단백질보충제를 만들 때는 원료 식품을 그대로 사용하지 않습니다. 단백질 농축물protein concentrates, 단백질 분리물protein isolates, 단백질 가수분해물protein hydrolysates 등의 세 가지 형태로 단백질을 분리해 사용합니다. 단백질 농축물은 원료가 되는 식품에 열과 산, 효소를 사용해 단백질을 추출한 물질입니다. 일반적으로 단백질의 에너지비는 약 60~80%이며 나머지 20~30%의 에너지는 지방과 탄수화물이 제공합니다. 단백질 분리물은 단백질 농축물을 여과 등의 추가 과정을 통해 지방과 탄수화물을 제거한 후 단백질만을 농축한 것으로, 단백질 함유량이 약 90~95%나 됩니다. 단백질 가수분해물은 산 또는 효소를 가해 가열하는 과정을 통해 아미노산간의 펩타이드 결합을 분해시켜 만든 것으로, 다른 형태보다 더 빨리 흡수된다는 특징이 있습니다.

근육 만들기는 근력운동부터

지금까지 살펴본 것들을 통해 단백질보충제에 대하여 어느 정도 알게 되었을 것으로 생각합니다. 그렇다면 이제 매우 직접적이고 궁금한 질문 하나가 남습니다. 근육을 키우려면 단백질보충제를 반드시 먹어야 하는가 하는 것입니다. 이에 대한 답을 찾으려면 단백질 섭취에 따른 골격근의 대사를 먼저 이해해야 합니다.

단백질은 분해와 합성의 과정을 반복하며 일정량을 유지합니다. 평상시 공복 상태에서는 근단백질분해Muscle Protein Breakdown, MPB 속도가 합성Muscle Protein Synthesis, MPS 속도보다 커서 순 단백질균형Net Protein Balance, NPB이 '음'의 균형negative balance 상태에 있습니다. '음의 균형 상태'라는 말은 분해 속도가 합성 속도보다 크다는 것을 뜻합니다. 단백질을 섭취하면 근단백질 합성이 증가하여 NPB가 증가합니다.

근육을 강화하는 운동은 저항운동resistance exercise이라

하여 흔히 '무산소운동'과 혼용되어 쓰입니다. 예를 들어 아령이나 바벨 등을 들어 올리는 웨이트 운동이 해당됩니다. 공복 상태일 때의 저항운동은 근단백질 합성을 증가시키지만 분해도 함께 증가시키기 때문에 NPB는 여전히 '음'의 상태에 있게 됩니다. 저항운동을 할 때 아미노산을 함께 섭취하면 NPB를 더 효과적으로 증가시키는데, 이것이 저항운동 또는 아미노산 섭취의 단독 효과를 합한 수준보다 높게 나타나는 것으로 보고되었습니다.

또 운동을 한 후에 단백질을 섭취하면 근 손상과 이에 따른 근력약화가 억제되고, 저항운동 후 손상된 근육의 회복이 촉진됩니다. 특히 저항운동의 경우, 안정 상태에서보다 운동 후 섭취한 아미노산이 더 효율적으로 사용될 수있어 근단백질 합성을 증가시키거나, 근육량이나 근육의 크기를 증가시키는 데 도움이 됩니다.

그렇지만 단백질을 무조건 많이 먹는다고 해서 단백질 합성이 증가하지는 않습니다. 근단백질 합성을 최대로 증가시키기 위해 저항성 운동 후 얼마만큼의 필수아미노산을 섭취해야 하는지에 대한 연구가 있었습니다. 연구에 따르면, 근단백질의 합성 속도는 20g의 단백질 섭취량(필수아미노산 8.6g 포함)까지는 섭취량에 비례하여 증가하였으나 그 이상의 효과는 없었습니다. 따라서 저항성 운동 후 근단백질 합성을 최대화하기 위해서는 8~10g의 필수아미노산 섭취가 필요할 것으로 제시되었습니다.

위의 내용을 정리하면 저항운동을 하고난 후, 또는 운동선수들과 같이 근육 운동량이 많은 경우 단백질 섭취가 근단백질 합성에 도움이 된다고 할 수 있습니다. 그러나 이때 필요한 단백질을 음식이 아닌 꼭 단백질보충제로 섭취해야 한다는 말은 아닙니다. 오히려 일상적인 식사를 통해 충분한 양의 단백질을 적절히 섭취할 수 있다면 굳이 단백질보충제가 필요 없다는 것이 영양학과 의학 분야 전문가들의 주된 의견입니다.

　　현실적으로는 전문적인 보디빌더 선수가 아니라면, 단백질보충제는 정상적인 식사가 가능한 성인들보다 오히려 노인이나 환자처럼 일상적인 식사로 충분한 단백질을 얻기 어려운 경우에 더 도움이 될 것으로 보입니다. 단백질보충제를 먹는다고 저절로 근육량이 증가한다거나 근력이 향상되지는 않는다는 것, 근육을 키우고 싶다면 먼저 근력운동부터 하는 것이 좋겠다는 것에는 큰 이견이 없습니다.

식사 혁명 ─────────

제5부

채식에서 길을 찾는
사람들

12강
습관적 육식에서
대안적 채식으로

고기는 단백질을 얻을 수 있는 급원이지만, 어떤 이들은 굳이 고기를 먹지 않아도 살아가는 데 충분한 영양소를 얻을 수 있다고 생각합니다. 이런 이들을 일반적으로 '채식주의자'라고 합니다. 채식주의는 고기는 물론 생선, 계란, 우유 등의 동물성 식품을 식탁에 올리느냐, 올리지 않느냐 하는 식습관을 바탕으로 하고 있습니다.

과거에는 종교적인 이유에서 채식을 하는 경우가 많았습니다. 살생을 금하는 불교, 특히 우리나라의 불교는 채식주의를 엄격하게 적용하고 있습니다. 특히 사찰음식을 통해서 이러한 불교의 채식문화를 엿볼 수 있습니다.

한 사회 안에서 같은 음식을 먹고 나눈다는 것은 그 공동체의 유대감과 소속감을 만들어 줍니다. 그러니 육식이

자리 잡힌 문화에서 금육을 천명하는 것은 우리나라 사람들이 쌀을 먹지 않겠다는 것만큼이나 민족적 배경 또는 사회문화적 정체성을 포기하는 것처럼 비춰질 수 있습니다.

그런데 오늘날의 사람들이 채식을 하는 가장 일반적인 이유는 건강과 동물에 대한 가치관에서 비롯되는 것 같습니다. 전에는 개인의 건강이나 다이어트 때문에 채식을 선택하였다면, 최근에는 비윤리적인 축산업의 실태를 목도한 후 동물의 권리를 옹호하기 위해 선택하게 되는 경우도 많아졌습니다.

건강이 채식주의의 동기가 된 사람들은 대개 식단에서 고기를 조금씩 줄이며 천천히 식단을 바꿉니다. 때때로 위중한 질병에 걸린 직후에 식단을 완전히 바꾸게 되기도 하지만, 대부분 처음에는 붉은 육류에서 시작하여 가금류, 마지막으로 어류를 포기합니다. 그러나 동물의 권리를 이유로 고기를 포기하는 사람들은 보통 급작스럽게 채식을 선언하거나, 단번에 식단을 바꾸고자 합니다. 공장식 축산업의 실태를 목격하거나 도축장의 모습 또는 눈앞에서 동물이 도축되는 것을 보게 되는 등의 충격적인 경험이 그 원인이 되었을 가능성이 높습니다.

과거의 채식주의자들은 동물의 권리를 이유로 금육을 한다는 것이 쉽지 않았고 또한 이를 다른 사람들에게 설득하기도 힘들었습니다. 동물의 고통에 관심을 갖기에 앞서, 인간이 너무 많은 고통을 겪고 있었기 때문입니다. 먹을 것이 부족하고 배를 채울 수 없는 상황에서 고기를 먹지 않고 동물을 고려할 수는 없었습니다. 동물의 권익을 따진다는 것은 너무 급진적인 생각으로 비춰졌고, 이를 실천하기도 쉽지 않았습니다.

일반적으로 채소로 만든 음식은 단조롭고 맛이 그리 좋지 않습니다. 풍부한 지방과 감칠맛을 가진 고기의 풍미는 이미 인간에게 오랜 기간 알려져 왔고, 그 시간 동안 인간은 육식을 갈망해 왔습니다. 특히 고기의 희소성은 고기를 더 특별하게 만들었지요. 만약 부와 권력을 가진 이들이 고기를 즐기지 않고 채식을 더 맛있게 먹었다면, 아마 채식에 대한 생각은 크게 달라졌을 것입니다.

채식주의자의 여러 유형

채식주의자vegetarian는 여러 유형이 있는데, 그 유형에 따라 허용하는 식품의 범위가 다릅니다. '폴로' 베지테리안pollo-vegetarian은 목축용 동물의 고기로 구성된 육류를 먹지 않을 뿐 그 외의 모든 식품은 허용합니다. 즉, 레드미트는 먹지 않지만 우유나 달걀, 생선, 닭고기까지는 먹는 경우를 말합니다. '페스코pesco-vegetarian'는 고기는 먹지 않으나 동물에서 얻을 수 있는 우유나 달걀, 그리고 생선은 허용합니다. '락토lacto-vegetarian'와 '오보ovo-vegetarian'는 서로 허용하는 품목이 다릅니다. 락토는 고기와 동물의 알은 먹지 않지만 유제

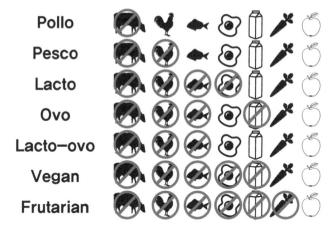

Pollo							
Pesco							
Lacto							
Ovo							
Lacto-ovo							
Vegan							
Frutarian							

채식주의자의 종류

품은 먹는 반면, 오보는 달걀 등 동물의 알은 먹되 유제품
은 먹지 않습니다. 그리고 '비건^{vegan}'이라고 하는 채식주의
는 완전한 채식만을 허용합니다. 이들은 고기, 생선은 물론
달걀, 우유, 꿀처럼 동물을 통해 얻게 되는 모든 음식을 거
부합니다. 또한 동물 생명의 존엄성을 침해하지 않는다는
차원에서 짐승의 가죽으로 만든 옷이나 화장품처럼 동물을
이용하여 만든 모든 상품을 사용하지 않기도 합니다.

'프루테리언^{fruitarian}'은 채식 중에서도 과일과 견과류
같은 열매만 허용하는 사람들을 말합니다. 심지어 더 엄격
한 경우, 식물에게도 해를 주지 않아야 한다는 이유에서 나
무에 매달려 있는 열매는 먹지 않고 다 익어서 땅에 떨어진

열매만 먹기도 합니다. 열매만 허용한다는 것은 감자와 시금치 같은 식물의 줄기나 잎도 먹지 않는다는 것이기 때문에 영양소 결핍의 가능성이 높아, 실제 실행하는 사람은 많지 않습니다.

세미 채식주의자semi-vegetarian는 플렉시테리안flexitarian이라고도 하는데, 이들은 평소에 채식주의자이지만, 가끔은 육류 섭취를 하기도 합니다. 조금 유연한 실천 방법이라고 할 수 있는데, 이들은 일주일에 한두 번 '고기를 먹지 않는 날'을 실천하는 것과 같은 방식으로 채식주의를 지지합니다. 또, 이들 중 일부는 공장식 농장에서 생산되는 고기는 거부하고 오직 자연 상태에서 키워진 동물만을 먹기도 합니다.

서양의 채식주의는 생태주의나 반자본주의적 관점에서 비롯되었고, 20세기 이후부터는 건강이나 윤리, 환경보호에 대한 관심이 높아지면서 꾸준히 늘어나고 있는 추세입니다. 채식 확산 운동의 대표적인 사례로는 '고기 없는 월요일Meatless Monday'이 있습니다.

'고기 없는 월요일' 캠페인에는 여러 가지가 있지만, 그중에서도 비틀즈의 멤버인 폴 매카트니Paul McCartney 경이 진행하는 '월요일 채식 캠페인Meat Free Monday'이라는 캠페인이 유명합니다. 매카트니 경은 "도살장 벽이 모두 유리라면 모든 사람들이 채식주의자가 될 것이다"라고 말한 바 있으며, 스스로도 40년이 넘는 시간 동안을 채식주의자로 살아

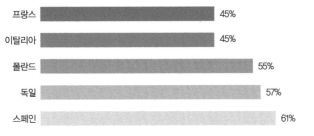

프랑스		45%
이탈리아		45%
폴란드		55%
독일		57%
스페인		61%

출처: 시장조사기관 민텔(MINTEL), 2017년 기준

정기적으로 '고기없는 날'을 즐기는 유럽의 소비자들

왔습니다. 그는 환경과 동물복지 차원에서 이 캠페인을 진행하고 있는데, 일주일에 하루만 채식을 실천해도 온실가스 배출량을 크게 줄일 수 있다는 취지에 동참하는 이들이 늘면서 많은 호응을 얻고 있습니다. 우리나라에서도 몇몇 단체를 중심으로 채식주의 운동이 점차 확대되고 있는데, 이제는 이런 운동이 식문화에 대한 도전으로 반감을 사기보다, 환경적인 관점에서 진지하게 공감대가 형성되어 가는 것 같습니다.

채식만으로도 건강할 수 있는가

채식주의에 대하여 논할 때 가장 쟁점이 되는 부분은 '과연 채식만 먹어도 건강하게 살 수 있는가?'입니다. 인류가 육식을 통해 생존할 수 있었다고 하는 것이 정설이라면 과연 인간에게 필요한 영양소를 채식만으로 충분히 얻을 수 있을까 하는 것이지요. 흔히 채식을 하면 오메가3지방산, 필수아미노산, 철분, 칼슘, 아연, 비타민 D, 비타민 B12가 부족해지기 쉽다고 우려합니다. 그러나 결론부터 말하면, 특정한 식품만을 고집하는 채식주의자가 아니라면 다양한 식물성 식품을 통해 이런 영양소를 모두 섭취할 수 있습니다. 예를 들어, 오메가3지방산은 호두 등의 견과류나 씨앗, 들기름을 통해 섭취하면 됩니다. 더욱이 요즘에는 다양한 건강기능식품의 도움을 받을 수 있어 육식을 배제해도 영양에 크게 문제가 되지는 않습니다.

일반적으로 식물성 식품이 가지고 있는 필수아미노산의 종류와 양은 동물성 식품에 비해 부족할 수 있습니다. 그렇지만 대두처럼 완전단백질을 가진 식품도 있고, 또 여러 가지 식품을 함께 먹으면 '단백질 보충 효과'가 있어 크게 걱정할 필요가 없습니다. 다만 성장기의 어린이는 체내에서 만들어지는 아미노산이 어른보다 두 가지(아르기닌, 히스티딘)가 적고, 소화와 흡수, 아미노산 합성 등 여러 가지 기능이 미성숙하기 때문에 채식만으로는 부족함이 있을 수 있습니다. 따라서 아이들에게는 완전 채식을 고집하기보다 달걀이나 우유, 생선 등의 동물성 식품을 함께 섭취하도록 하는 것이 좋습니다.

철분이나 칼슘은 동물성 식품뿐 아니라 식물성 식품에도 들어 있습니다. 흔히 철분을 섭취하려면 동물성 식품, 그중에서도 레드미트를 먹어야 한다고 생각합니다. 물론 고기에 들어 있는 철분의 40% 정도는 헴철heme iron로 흡수가 잘 됩니다. 반면 동물조직에 들어 있는 철분의 나머지 60%와 식물성 식품에 들어 있는 철분은 모두 비헴철nonheme iron로 흡수율이 헴철의 절반 수준입니다. 헴철은 앞 강에서 설명했던 단백질이나 헤모글로빈 또는 미오글로빈에 포함된 철분을 말하고 그 외의 철분은 비헴철입니다. 일반적으로 헴철의 흡수율은 20~30% 정도로 비헴철에 비해 높습니다. 짙푸른 채소인 시금치, 깻잎, 콩류, 건포도, 건자두도 철분 함량이 많지만 헴철이 아니기 때문에 생체이용률이 낮은 편입니다. 그래서 철분은 어육류를 통해서 먹는 것이 효율적인 방법이라고 하는 것입니다.

그렇다고 모든 동물성 식품의 철분이 흡수가 잘 되는 것은 아닙니다. 철분 함량이 높다고 알려진 달걀의 철분은 헴철이 아닌 비헴철이라 식물성 식품과 다를 것이 없습니다. 곡류는 종류에 따라 철분의 함량에 차이가 있기는 하지만 일반적으로 곡류는 섭취량이 많아서 철분의 주요 공급원이 되기도 합니다. 철분은 필요량이 적은 미량 영양소이고, 채식을 하더라도 식품의 다양성이나 식사량이 부족하지 않다면 문제가 되지 않습니다.

칼슘이나 아연은 어떨까요? 고기를 먹어야만 섭취할 수 있다고 생각되는 또 다른 영양소가 아연입니다. 바로 아연의 주된 급원이 고기나 간, 굴, 게 등의 동물성 식품이기 때문입니다. 아연은 체내 여러 효소의 구성 성분이 되는 미량무기질로 동물성 단백질 식품에 함께 들어 있습니다. 그렇지만 식물성 식품 중에서도 귀리나 보리, 현미 등의 전곡류와 콩류에도 상당량이 함유되어 있습니다. 또 일반적인 식사를 할 경우 절대적인 아연 섭취량이 많은 편이기 때문에 부족을 걱정할 필요는 없습니다.

우리나라에서는 비단 채식주의자가 아니더라도 칼슘은 대체로 권장량 대비 부족하게 섭취되는 것으로 보고되고 있습니다. 우유나 유제품을 충분히 먹지 않기 때문일까요? 그런데 실제 칼슘의 공급원이 되는 식품은 우유 말고도 많습니다. 전곡류와 짙푸른 채소, 해조류, 건새우나 멸치, 뼈째 먹는 생선 등입니다. 칼슘의 함량이나 유용률 bioavailability 면에서 우유를 으뜸으로 생각하지만, 브로콜리나 케일의 경우 그 함량이나 흡수율이 우유를 능가합니다. 이런 식품을 많이 먹고 있는 우리 국민의 칼슘 섭취량이 부족하다는 것이 때로는 이해가 잘 안 되기도 합니다. 혹시 칼슘의 권장량이 너무 높게 설정되어 있는 것은 아닌지, 또는 식품성분표의 칼슘 함량이 잘못 표기되어 있는 것이 아닌지 의구심이 들기도 합니다.

어쨌든 골절이나 골다공증 예방을 위해서는 나이가 들기 전에 충분한 골질량을 확보해야 하고, 그러려면 칼슘을 충분히 먹어야 합니다. 우유나 생선도 먹지 않는 엄격한 채식을 한다면 칼슘 섭취량이 적을 수 있는데, 그럴 때는 칼슘보충제로 도움을 받으면 됩니다. 또한 칼슘섭취량 못지않게 뼈 건강을 위해 중요한 것들이 더 있습니다. 칼슘 흡수에 절대적인 역할을 하는 비타민 D의 부족이나 단백질, 나트륨, 인의 과다섭취는 칼슘의 흡수를 방해하고 배설량을 증가시켜 체내 칼슘 보유에 부정적인 영향을 미치기 때문입니다.

채식만 해도 비타민 섭취에 문제가 없을까요? 본디 '비타민'이라는 용어는 인체 내에서 생성되지 않는 필수 물질을 지칭하던 말이었습니다. 그러나 이제는 체내에서 만들어지는 유사 호르몬인 비타민 D나 비타민 B12, 비타민 K도 있으니, '비타민'이라는 이름의 본뜻이 무색해진 것 같긴 합니다.

과거에 비타민 B12는 동물성 식품에만 들어 있다고 알려져 있었습니다. 그래서 채식만 할 경우 비타민 B12 결핍에 따른 문제가 발생할 수 있다고 보았던 것이지요. 그런데 최근의 연구 보고에 따르면 김이나 파래 같은 해조류나 장류, 김치 등의 발효식품을 통해서도 비타민 B12를 섭취할 수 있다고 합니다. 이는 비타민 B12가 미생물에 의해 합성되기 때문입니다. 하지만, 일반적으로 채식에 의존하는 사람들은 식단의 비타민 B12가 권장섭취량에 미치지 못하는 것으로 보고되고 있습니다. 인체에서도 장내 세균에 의해 비타민 B12가 합성되기도 하지만 아마도 섭취하는 식품의 다양성이나 절대량이 부족하다는 뜻일 것입니다. 따라서 철분처럼, 임산부나 어린이, 노인은 비타민 무기질 보충제나 건강기능식품을 활용하여 하루 권장량만큼은 챙기는 것이 필요해 보입니다.

채식의 영양적 장점

채식을 했을 때 얻게 되는 영양적 장점에는 어떤 것들이 있을까요? 우리 입에 익숙해진 '고기 맛'을 포기하면서 선택한 채식이라면 무언가 몸에도 도움이 되어야 하겠지요. 먼저, 채식은 대체적으로 체중 감량에 효과적입니다. 채소는 부피감이 커서 포만감을 주고 식욕 조절에도 도움이 됩니다. 육식 중심의 식단에 비해 채소는 열량이 낮고 식이섬유소가 많이 들어 있어서 다이어트에 도움이 됩니다.

그렇다고 채식이 모두 체중 감량에 도움이 된다는 뜻은 아닙니다. 예를 들어 쌀이나 밀, 감자, 옥수수, 바나나 등으로 채식 식단을 차렸다면 이런 음식은 탄수화물 함량이 많고 소화 흡수가 빨라 지방으로 저장되기 때문에 오히려 비만이 될 가능성을 높입니다. 전분이나 설탕, 식물성 기름 등은 식물성 식품이지만 에너지 밀도가 높아서 육식 대비 별반 나을 것이 없습니다. 다만 통곡물이나 다양한 채소, 견과류와 종실류 등의 건강한 식품으로 차려진 채식 밥상이라면 비만뿐 아니라 고지혈증, 고혈압, 심혈관 질환, 암 등을 예방하는 데 도움이 됩니다.

채소의 칼륨은 나트륨 배설을 돕고 식이섬유소는 콜
레스테롤을 줄여 줍니다. 또한 장내 균총과 장운동을 촉
진하여 변비를 예방하는 등 장 건강에도 주효합니다. 채
소를 비롯한 식물성 식품에 들어 있는 수많은 피토케미컬
phytochemicals은 항산화작용 등 다양한 생리 활성 기능이 있어
전반적으로 노화를 지연시키고 건강 장수를 위한, 현대판
'불로장생' 식품으로 평가받고 있습니다. 미국 예방의학저
널에 발표된 한 연구 결과에 따르면 육식을 하던 사람이 채
식으로 전환할 경우 유방암 발생 가능성이 20~23% 정도
감소하고, 대장암과 전립선암 발생률도 현저히 낮아진다고
합니다.

채식과 생식은 다르다

한 가지 기억할 것은 채식이 '생식'을 의미하는 것은
아니라는 것입니다. 엄격한 채식주의자 중에서는 생식주
의raw foodism라 하여 식단의 대부분을 날것으로 먹는 이들이
있습니다. 생식주의자들은 생식이 체중감소와 당뇨병, 암
예방에 도움이 된다고 주장하는데, 특히 식품을 날것으로
먹어야만 식물 효소를 섭취할 수 있고, 이를 익히면 식물
효소가 파괴된다고 생각합니다. 그런데 이것은 잘못된 믿
음과 오해에서 비롯된 것입니다. 조효소coenzyme(효소의 작
용을 돕는 비타민과 같은 저분자 화합물)로 작용하는 몇몇

은 그럴 수 있지만, 대부분의 효소는 단백질이기 때문에 익히든지 익히지 않든지에 관계없이 위산에 의해 분해되기 때문입니다.

오히려 생식을 하는 비율이 높아지면 소화나 흡수가 안 되기 때문에 특정 영양소가 결핍될 위험이 있습니다. 예를 들어 비타민 C나 플라보노이드flavonoid는 열에 약해서 날 것으로 먹는 것이 좋지만, 반면 토마토에 들어 있는 카로티노이드carotenoid의 일종인 리코펜lycopene은 열을 가해 세포벽이 약해져야 소화와 흡수가 더 잘 됩니다. 토마토 통조림은 통조림을 만드는 과정 중에 리코펜이 용출되어 나오기 때문에 생토마토보다 리코펜 함량이 4배나 많습니다.

잘못된 생식이 더 위험한 것은 생 채소에 들어 있는 식물의 독소나 미생물에 의한 식중독의 위험이 있기 때문입니다. 양배추 속의 채소를 생으로 과하게 섭취하면 고이트로겐goitrogen(갑상선호르몬의 생성을 방해하는 물질)이 작용하여 갑상선호르몬 생성에 영향을 줄 수도 있고, 감자의 싹에는 솔라닌solanine, 익히지 않은 잠두fava bean에는 렉틴lectine 단백질이 있어 구토나 설사를 유발할 수 있습니다. 때때로 대장균이나 살모넬라, 포도상구균 등으로 일어나는 집단 식중독이 샐러드바 등에서 제공되는, 제대로 씻지 않은 생 채소 때문으로 밝혀지기도 합니다.

식생활도 습관이다

먹을 것이 풍부한 오늘날에는 채식이나 육식 그 자체가 문제가 되지 않습니다. 과거에는 대다수가 영양부족에 시달렸기 때문에 영양학자들도 동물성 단백질 식품 없이는 건강하기 힘들다고 생각했습니다. 채소는 고기에 비해 영양분이 적고 그 질도 떨어진다고 보고됐고, 오스트리아 그라츠 의과대학 연구팀은 채식주의자가 육식주의자보다 오히려 덜 건강하다는 연구 결과를 발표한 적도 있습니다. 채식주의자들이 육식주의자에 비해 음주와 흡연을 덜 하거나 활동량이 많아도 신체적, 정신적 요소를 전체적으로 감안한 건강상태지수는 더 낮았다는 것입니다. 그 시절에는 영양소 결핍증을 예방할 수 있는 음식이 좋은 음식이었고 '잘' 먹는 것이었습니다. 반대로 최근에는 비만이 건강을 위협하는 위험요인으로 대두되어, 비만이나 생활습관병을 예방하는 음식이나 식생활이 '잘' 먹는 것이 되었습니다.

고기만 먹는 다이어트 방법부터, 살이 찌지 않으면서도 건강과 젊음을 유지하는 데 도움이 된다는 수많은 비법들이 소개되고 있습니다. 그런데 가장 안 좋은 식습관은 과도한 섭취 또는 편중된 선택에 있습니다. 특정 식품 한두 가지만 먹으면서 하는 다이어트는 대부분 오래 지속하기도 어렵고, 편중된 식생활은 결국 영양불균형을 초래할 가능성이 크기 때문입니다.

과학이 발달하고 영양학에 대한 이해가 깊어지면서

밝혀진 오늘날의 잘 먹는 비결은 그리 특별한 것이 아닙니다. 모두가 공통적으로 건강한 생활습관과 식습관을 가져야 한다고 말합니다. 금연과 절주, 규칙적인 운동과 함께 식생활에서는 육류의 섭취를 줄이고 풍부한 채소와 과일, 통곡물, 몸에 좋은 기름(올리브유, 카놀라유, 들기름, 견과류 등)을 섭취하는 것을 권장합니다. 너무나 잘 알고 있는 내용이라 시시하게 들릴지 모르겠지만, 모두가 그렇게 입을 모으는 데는 그만큼 중요한 이유가 있기 때문일 것입니다.

우리는 습관에 따라 우리에게 익숙한 음식을 선호합니다. 습관은 아주 강력합니다. 우리가 매일 하는 행동의 반은 습관에서 비롯된다고 합니다. 습관 그 자체가 나쁜 것은 아닙니다. 만일 우리가 습관적으로 하는 것 없이, 거의 모든 일상의 행동을 의식적인 노력과 결정에 따라야 한다면 피곤해서 살기 힘들 것입니다. 단지 '어떤 습관'을 들이는지가 매우 중요합니다. 본능에 이끌려 우리가 육식을 하게 되었다면, 어느새 육식은 습관이 되었습니다. 그리고 습관이 된 육식에 대한 논의가 현대 사회에서 가장 큰 논쟁 중 하나가 되었습니다.

대부분의 사람들은 채식주의에 대한 고정 관념을 가지고 있습니다. 요즘은 사회적인 인식이 많이 달라졌기는 하지만 채식주의자라고 하면 왠지 '까다롭고 유난을 떠는' 사람들이라고 지레짐작하기도 합니다. 또 육식을 하는 습관을 유지하기 위해 희생되는 동물에 대해서는 간과했습니다. 동물을 고통을 느끼지 못하는 저급한 생물체로 여기기도 했고, 식탁에 올라온 고기와 살아 있는 동물의 관계를 깊이 생각해 보지도 않았습니다. 반면 채식주의자들은 육식을 영양적 관점이 아니라 동물을 먹는다는 것, 공장식 축산의 폐해 등만을 지적하며 육식주의자를 야만인처럼 여기는 경향도 없지 않았습니다.

그러나 이제는 그러한 편견이나 습관을 다시 생각해 보아야 합니다. 현대 사회에서는 영양소를 공급받을 수 있는 방법이 매우 다양하기 때문에, 우리는 먹을 것을 스스로 '선택'할 수 있고 습관도 바꿀 수 있습니다. 그러기에 습관적인 채식이나 육식보다, 생존에 필요한 영양을 취하되 다른 존재의 생존에 위협을 가하지 않는 방향으로 노력하는 인류의 지혜가 필요합니다.

13강
식물성 단백질 식품의 대표,
콩

식물성 단백질 식품을 대표하는 식품은 콩입니다. 콩을 흔히 '밭에서 나는 소고기'라고도 하지만 사실 콩에는 고기보다 더 많은 단백질이 들어 있습니다. 전통적으로 채식 위주의 식생활을 해 온 우리 민족에게 콩은 소고기보다 더 중요한 먹거리였습니다.

콩을 뜻하는 한자로는 흔히 쓰이는 '두(豆)'도 있지만 '태(太)'라는 글자도 있습니다. 보통 '클 태'라고 알려진 이 한자에는 '콩 태'라는 뜻도 담겨 있습니다. 콩의 종류에 따라 백태, 흑태, 서리태, 서목태 같은 이름들이 있는데, 이럴 때 쓰인 '태'는 콩을 가리킵니다. '크다'는 뜻의 한자가 콩을 일컫게 된 데는 여러 가지 곡물 중에서 콩의 크기가 가장 크기 때문이기도 하겠으나, 콩만큼 우리 몸에 크고 좋은 음식이 없다는 뜻도 담고 있는 것 같습니다. '두'나 '태'보다도 더 일반적으로 쓰이는 '콩'이라는 말은 순수한 우리말입니다. 이 말은 쓰임새가 다양한 대두에서부터 땅 속에서 열리는 땅콩까지, 대부분의 꼬투리 열매(콩과 식물의 열매)를 통틀어 일컫는 말입니다.

인류와 함께 해 온 콩의 역사

콩의 원산지는 한반도와 남만주를 연결하는 중국의 동북부 일대로 알려져 있습니다. 이곳은 우리의 선조인 동이족의 생활 터전으로, 최초로 콩을 먹거리로 이용한 부족 역시 동이족의 한 부류인 예맥족이라 합니다. 한반도에서는 청동기시대 전후의 유적에서 콩이 출토되어 콩의 고향이 옛 고조선 땅임을 짐작할 수 있습니다.

신라 일성왕 때인 139년, 서리가 내려서 콩 농사를 망쳤다는 기록이 있는 것을 볼 때 삼국 형성기에는 이미 콩이 전국에서 보편적으로 재배되고 있었던 것으로 보입니다. 또한 신라 신문왕의 폐백 물품에 메주와 된장 등이 등장하고 있는 것을 보면, 그 당시 이미 콩을 발효시킨 '장' 문화가 발달했음을 알 수 있습니다.

많은 발효식품들이 그렇듯 콩 발효식품 역시 우연히 태어났을 것으로 추정합니다. 삶은 콩을 그대로 두면 곰팡이와 세균이 자라 단백질을 분해하여 감칠맛을 낸다는 것을 자연스럽게 알게 되었을 것입니다. 우리나라에서는 간장, 된장, 청국장 등 콩을 이용한 '장' 문화가 일찍부터 발달하였습니다. 남만주와 한반도 지역의 동이족이 터득한 콩 발효기술은 이미 청동기시대 전후에 만들어져 중국에 전파되어 다양한 장 문화를 싹 틔웠고, 일본으로 건너가 '미소'라는 일본 장의 유래가 되었습니다.

인류의 역사를 되짚어 보면, 콩을 활용한 획기적인 발명품들이 몇 가지 있습니다. 그중 하나가 콩으로 만든 두부입니다. 중국에서는 기원전 2세기경인 한나라 시대부터 두부를 먹기 시작했다고 하며, 우리나라에는 고려시대에 두부가 전해졌습니다. 송나라와 원나라를 통해 들어온 두부는 주로 사찰음식으로 이용되었는데, 고기를 먹지 않는 스님들에게는 더없이 중요한 단백질 공급원이 되었을 것으로 생각됩니다.

조선시대에는 왕릉이나 왕가의 원에 두부를 만드는 사찰인 조포사(造泡寺)를 두었을 만큼 두부를 귀히 여겼습니다. 세종실록에는 명나라 황제가 조선에서 보낸 여인들의 두부 만드는 솜씨를 극찬하였다는 기록이 있을 정도로 우리 두부의 맛과 기술이 뛰어났다고 합니다. 두부의 원조라는 중국도 부러워할 정도였다고 하니까요. 일본에는 임진왜란 무렵 우리나라를 통해 두부가 전파되었습니다. 일본에서는 가장 맛있는 두부로 고치시(高知市)의 당인두부를 꼽는데, 임진왜란 당시 경주성을 지키던 장군 박호인이 일본에 붙잡혀 간 후 만들기 시작하게 된 것이 그 기원인 것으로 전해지고 있습니다.

한편 콩이 서양에 전해진 것은 18세기 중엽입니다. 1739년 프랑스 선교사가 중국에서 콩 종자를 가져다 파리 식물원에 심은 것이 최초라고 알려져 있습니다. 그러나 서양인들이 콩의 경제적 가치에 관심을 갖기 시작한 것은 100년 이상의 세월이 지난 후였습니다. 아편전쟁 이후 중국을 방문한 미국인들이 콩으로 두유나 두부 등을 만들어 먹는 중국인들을 보고 콩에 관심을 갖게 되었고, 그 후 콩은 미국의 경제작물로 급부상했습니다. 그렇다고 콩을 곧바로 먹거리로 받아들였던 것은 아닙니다.

콩이 전 세계로 퍼지면서 세계의 주요 곡물이 된 것은 1, 2차 세계대전의 영향이 큽니다. 두 번에 걸친 세계대전 동안 극심한 식량난을 경험한 서양인들이 비로소 식량부족을 해결할 수 있는 새로운 작물로 콩에 주목하기 시작한 것입니다. 1918년 영국에서는 식량배급제를 시행하고 밀가루에 콩가루와 감자가루를 섞어 만든 빵을 먹도록 했습니다. 미국의 사정도 마찬가지여서 콩가루로 만든 빵인 빅토리 브레드victory bread와 콩고기 등의 조리법을 대대적으로 홍보하기도 했습니다. 그러나 이후에는 주로 가축의 사료나 굶주림을 해결하기 위한 대용식품으로만 이용되었고, 최근에 와서야 다시 웰빙식품으로 각광 받게 되었습니다.

콩의 다양한 쓰임새

콩은 먹거리 외에도 그 쓰임새가 다양합니다. 탈지대두는 인조고기나 어묵, 사료 등에 이용되며 콩기름은 접착제나 화장품, 페인트, 플라스틱, 비누, 의약품의 원료로 이용됩니다. 콩으로 자동차의 연료를 만들기도 했습니다. 심지어 콩으로 자동차를 만든 사람도 있었으니, 바로 '자동차의 왕'이라 불리는 헨리 포드입니다.

헨리 포드는 1929년 경제대공황 사태에서 자신의 자동차와 트랙터를 구매해 준 농장주들을 돕기 위해 연구소를 설립하였고, 농산물을 산업적으로 이용하는 방법을 연구하도록 했습니다. 그리고 콩의 가능성에 주목했습니다. 헨리 포드는 마침내 차체와 계기판 등을 콩단백질 플라스틱으로 제조한 'Ford Model A'를 선보였고, 콩단백질을 이용해 인조육을 만드는 데도 성공했습니다. 헨리 포드는 콩섬유로 만든 옷을 입어 보인 적도 있었다고 하니 콩을 다용도로 이용했던 진정한 '콩 마니아'였던 것 같습니다.

콩은 우주를 여행한 최초의 식물이기도 합니다. 2003년 미항공우주국^{NASA}과 듀폰^{DuPont}사는 우주왕복선 인데버 Endeavour 호에 온도와 습도를 조절할 수 있는 특수배양실을 만들어 콩을 우주에서 재배할 수 있을지를 알아보았습니다. 그리고 97일간 콩이 자라는 것을 관찰해 무중력 상태인 우주에서도 콩을 기를 수 있다는 것을 확인했지요. 이로써 콩은 우주작물 제1호가 되었습니다.

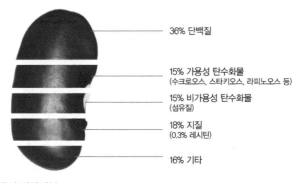

36% 단백질

15% 가용성 탄수화물
(수크로오스, 스타키오스, 라피노오스 등)

15% 비가용성 탄수화물
(섬유질)

18% 지질
(0.3% 레시틴)

16% 기타

콩의 영양성분

콩은 종교나 문화적인 이유 또는 개인적인 신념으로 육식을 절제하는 사람들에게도 환영을 받습니다. 그렇다면 콩이 정말 고기에 견줄 만한 영양가가 있는 식품인지 살펴보겠습니다. 콩은 그 종류가 많아서 대두나 땅콩처럼 지방이 많고 탄수화물이 적은 콩들이 있는가 하면, 팥이나 녹두, 완두, 강낭콩처럼 지방이 적은 대신 탄수화물이 풍부한 콩도 있습니다.

일반적으로 '콩'이라고 하면 보통 대두를 말하는데, 이 대두는 영양가로 보아도 콩 중에서 가장 뛰어납니다. 대두의 36%가 단백질입니다. 그러니까 콩 100g에는 약 36g의 단백질이 들어 있다는 것입니다. 소고기 등심 100g에 들어 있는 단백질의 양이 20g 정도이니 콩에는 단백질이 이보다 거의 두 배 가까이 많은 셈입니다. 그러나 콩을 좋은 식품이라고 말하는 것은 단지 단백질이 많기 때문만은 아닙니다. 콩에는 우리 몸에 필요한 여덟아홉 가지 필수 아미노산이 모두 들어 있는 데다, 소화 흡수율도 좋아서 육류 단백질과 비교할 때 질적인 면에서 뒤지지 않기 때문입니다. 대두는 땅콩에 이어 두 번째로 지방 함량이 많은 콩이기도 합니다. 그런데 지방이 많이 들어 있다고 걱정할 필요는 없습니다. 각종 생활습관병을 일으키는 포화지방산이 아닌 건강에 유익한 불포화지방산이기 때문입니다.

양이 많지는 않아도, 콩에는 현대인들이 부족하게 먹고 있는 오메가3지방산도 들어 있습니다. 게다가 콩에는 많은 양의 칼슘과 철분, 비타민 B1 등의 영양소는 물론 이소플라본isoflavone, 올리고당, 식이섬유소, 사포닌saponin 같은 다양한 기능성 성분들이 함유되어 있습니다. 따라서 콩은 소고기에 필적하는 훌륭한 단백질 식품일 뿐만 아니라 다양한 비타민과 무기질, 피토케미컬까지 갖춘 탁월한 먹거리인 것입니다. 그래서 콩이 소고기보다 더 낫고 육류를 먹는 것보다 우리 몸에 더 이롭다고 하는 것입니다.

콩에 대한 궁금증

콩은 그 종류와 모양, 색이 매우 다양한데 우리는 유독 검정콩(검은콩)에 관심이 많습니다. 이는 '블랙푸드' 효과 때문입니다. 블랙푸드는 흰 머리와 탈모 예방에 좋다고도 하고, 여성 건강에 도움이 된다고도 합니다. 흑태나 서리태, 서목태 같은 검정콩은 대두의 한 종류로, 주요 성분은 백태 또는 흰콩이라고도 하는 노란색 대두와 그다지 다르지 않습니다. 다만 검정콩의 까만 껍질에는 검은색 색소인 안토시아닌anthocyanin이 함유되어 있습니다. 검정콩의 핵심은 검은색을 띠게 하는 바로 이 색소에 있습니다.

안토시아닌은 항산화 효과가 뛰어나 노화의 원인이 되는 유해한 활성산소를 차단하는 역할을 합니다. 이는 꼭 검은콩뿐 아니라 검은색 또는 보라색을 띠는 가지, 포도, 블루베리 등 많은 블랙푸드에도 포함되어 있습니다. 피토케미컬의 일종인 안토시아닌은 비타민 C 이상으로 유해산소를 제거하는 기능이 있습니다. 그래서 심장 질환과 뇌 손상을 예방하고 탈모나 노화를 지연시키는 효과가 있다고 하는 것입니다.

그런데 콩을 먹으면 속이 더부룩하고 가스가 나온다며 불평하는 사람들이 있습니다. 콩을 많이 먹으면 가스가 많이 생성되는 것은 사실입니다. 이 때문에 콩이 소화가 잘 안 된다며 콩을 먹지 않으려 하는 경우도 있습니다. 콩을 먹었을 때 가스가 생성되는 것은 콩에 들어 있는 섬유소와 소화되지 않는 당류 때문입니다.

소화되지 않고 대장으로 들어간 섬유소는 대장에 있는 박테리아에 의해 분해되면서 수소나 이산화탄소, 메탄과 같은 가스를 만들어 냅니다. 이런 가스가 배에 차면

속이 불편해지거나 방귀로 나오게 되는 것이지요. 방귀
는 '장'이 정상적인 활동을 한다는 신호입니다. 하루 동안
알게 모르게 나오는 방귀는 다섯 번에서 열 번에 걸쳐 약
200~300ml 정도 된다고 합니다. 대장의 이상에서 오는, 악
취가 진동하는 방귀가 아니라면 소화가 잘 된다는 신호로
받아들이면 됩니다. 건강한 방귀는 일반적으로 냄새가 나
지 않으면서 속이 시원하다는 느낌을 줍니다.

그럼에도 만약 이러한 생리현상 때문에 콩이 꺼려진
다면, 가스를 많이 생성하는 대두나 강낭콩 대신 팥이나 녹
두, 렌틸콩, 완두콩 등 비교적 가스를 적게 만드는 콩을 섭
취하면 됩니다. 또한 콩을 물에 하루 정도 충분히 담가 두
면 당류의 일부가 녹아 나와서 이런 현상을 조금은 줄일 수
있습니다. 또는 콩을 먹을 때 충분히 잘 익히고 많이 씹어
소화가 잘 되도록 하면 도움이 됩니다.

콩을 익히지 않고 날것으로 먹게 되면 소화를 방해하
는 트립신 저해제나 렉틴 등으로 인해 설사가 일어날 수 있
습니다. 트립신은 소장에서 단백질을 분해하는 효소입니
다. 날콩의 트립신 저해제가 이 트립신의 작용을 방해하여
단백질이 소화되지 못 하여 설사가 일어나는 것입니다. 그
런데 콩에 열을 가하면 트립신 저해제와 렉틴 단백질이 활
성을 잃게 됩니다. 콩을 발효, 발아시켜도 트립신 저해제와
렉틴의 함량이 감소됩니다. 두부나 된장, 콩나물은 살짝만
데쳐도 소화가 잘 됩니다. 그리고 사실 콩을 날것으로 먹는

경우는 거의 없으므로, 위와 같은 문제는 크게 걱정할 필요가 없는 부분입니다.

우리나라 고유 음식인 콩나물

동아시아를 중심으로 다양한 콩 요리가 만들어져 있습니다만, 콩을 싹 틔워 만드는 콩나물은 한국 고유의 음식입니다. 한국인에게 콩나물은 남녀노소, 빈부를 막론하고 누구나 사시사철 즐겨 먹는 채소이지만, 일본이나 중국인들에게는 낯선 음식입니다. 녹두로 만드는 숙주나물은 중국을 비롯해 동남아시아 등지에서 흔히 먹는 음식이지만, 콩나물만큼은 우리나라 고유의 먹거리가 되었습니다.

우리 민족은 삼국시대 말 혹은 고려시대 초부터 콩나물을 길러 먹어 왔습니다. 콩의 싹을 틔우면 콩에는 원래 없던 비타민 C가 생겨납니다. 신선한 채소가 부족한 겨울에 이보다 더 좋은 음식은 없었을 것입니다. 콩나물은 뿌리가 길고 자라는 속도가 무척 빠릅니다. 콩나물을 먹으면 콩나물처럼 키가 쑥쑥 큰다는 말도 있었지요. 그러나 콩나물과 키 사이에 주목할 만한 연관성은 없습니다. 키가 자라는 데 직접적인 도움이 되는 성분이 콩나물에 유독 많이 들어 있다고 말할 수는 없기 때문입니다. 다만 콩나물에 들어 있는 여러 가지 영양소가 성장을 돕는 역할을 할 것으로는 생각됩니다.

콩나물에는 단백질과 비타민, 무기질이 비교적 많고 비타민 B1, B2, C 등의 함량도 높습니다. 콩나물 자체가 키를 자라게 하는 것은 아니지만, 콩나물처럼 영양소가 풍부한 반찬으로 균형 잡힌 식생활을 한다면 건강하게 성장하는 데 분명 도움이 될 것입니다.

그럼, 숙취 해소의 으뜸으로 '콩나물국'을 꼽는 이유는 무엇일까요? 숙취란 알코올이 완전히 분해되지 못해 아세트알데히드^{acetaldehyde}라는 독성물질을 만들어 내면서 생기는 현상입니다. 우리 몸은 알코올을 빨리 분해시켜야 괴로운 숙취에서 벗어날 수 있습니다.

알코올이 대사되기 위해서는 비타민 C 등의 비타민이 필요하며, 아미노산은 아세트알데히드의 배출을 촉진하므로 숙취 해소에 도움이 될 수 있습니다. 숙취 해소를 돕는 아미노산으로는 타우린^{taurine}이나 아스파라긴산^{aspartic acid}이 있습니다. 아스파라긴산은 아스파라거스에서 처음 분리되었다고 해서 붙여진 이름인데 콩나물에는 이 아스파라긴산이 많이 들어 있습니다. 콩나물에는 비타민 C까지 풍부하게 들어 있으니 콩나물국은 해장국으로 더할 나위가 없는 것이지요. 콩나물의 아스파라긴산은 뿌리 부분에 더 많으므로 콩나물국을 끓일 때는 뿌리를 다듬지 않는 것이 좋고, 비타민 C는 콩나물의 머리 부분에 많으므로 이것도 떼어 내지 않는 것이 좋습니다.

슈퍼푸드로 각광받다

아시아인들은 콩을 중요한 식량자원으로 귀히 여기고 그 우수성을 일찌감치 깨달았습니다. 콩의 의학적 효과가 기록으로 남아 있는 것은 이미 16세기로 거슬러 올라갑니다. 명나라 의사 이시진이 집대성한 『본초강목』에는 콩이 부종이나 신장질환, 중독에 효과가 있다고 기록되어 있습니다. 콩은 아시아 장수마을 밥상의 단골손님이고, 실제로 콩을 많이 섭취하는 아시아인들은 유럽인이나 북미인과 비교해 심장 질환이나 암, 고혈압 등의 발병률이 낮습니다. 이에 반해 콩을 식품으로 주목하지 않았던 서양에서는 비교적 최근에야 비로소 콩의 우수성을 깨달았습니다.

오늘날 서양에서는 콩을 '기적의 작물' 또는 '신데렐라 작물'이라고도 부릅니다. 1970년대 이후, 동물성 식품의 과다 섭취와 잘못된 식습관으로 인한 성인병이 만연하면서 콩을 비롯한 동양인들의 건강식품과 식생활에 관심을 가지게 된 것입니다. 미국 일간지 『타임』은 콜레스테롤 감소 및 암 예방에 효과가 있는 6대 식품에 콩을 포함시켰고, 또 다른 미국의 저명 잡지인 『헬스』는 세계 5대 건강식품으로 우리나라의 김치와 더불어 일본의 낫토를 선정한 바 있습니다. 낫토를 선정한 이유로 발효 콩이 암과 골다공증을 예방하는 기능이 뛰어나다는 것을 들었습니다. 이후에도 건강과 젊음을 가져다 주는 '슈퍼푸드'로 빠지지 않고 지속적으로 강조되는 것이 바로 콩입니다. 이처럼 콩이 주목을 받으면

다양한 콩 식품

서 서구인들에게는 익숙하지 않았던 두부 역시 웰빙식품으
로 자리매김하고 있습니다. 미국과 유럽 현지에 두부공장이
설립되고 두부 전문 식당이 등장했습니다. 학교 급식뿐만
아니라 가정에서도 두부 요리를 먹는 모습이 자연스러워졌
습니다. 콩요구르트, 콩소시지, 콩치즈, 콩이유식, 콩비스킷,
콩아이스크림 등 다양한 콩제품이 시판되기도 했습니다. 바
야흐로 콩의 새로운 전성기가 열리고 있는 것입니다.

지구에도 이로운 먹거리

이렇게 콩을 먹는 사람들이 늘어나고 있는 것은 비단 건강 때문만은 아닙니다. 우리 옛말에 콩 한쪽도 나누어 먹는다는 말이 있습니다. 기본적으로 나눔의 철학을 담고 있는 콩은 인간과 우리 삶의 터전에도 이로운 먹거리가 되기 때문입니다.

콩과식물의 뿌리에는 서로 도움을 받는 공생관계인 뿌리혹박테리아*Rhizobium*가 붙어삽니다. 뿌리에 혹 모양을 만들기 때문에 뿌리혹이란 이름이 붙은 이 박테리아는 콩으로부터 영양분을 얻는 대신 공기 중의 질소가스를 이용해 질소화합물을 만들어 줍니다. 콩에게 품질 좋은 질소 비료를 제공해 주는 것과 같습니다. 그래서 콩은 별다른 비료를 주지 않아도 척박한 땅에서 잘 자랍니다. 덕분에 토양이 비옥해지는 현상을 질소고정이라고 합니다. 1헥타르의 콩밭이 1년에 100kg에 달하는 질소를 고정할 수 있다고 합니다. 그래서 연작장해를 일으키기 쉬운 다른 작물과 콩을 번갈아 재배하면 매년 풍부한 수확을 안겨줄 수 있습니다. 콩은 '밭에서 나는 소고기'이기도 하지만, '밭에도 소고기'라는 말이 그럴듯하게 들리기도 합니다. 이렇게 콩은 사람뿐 아니라 흙을 살리는 기특하고 고마운 존재인 것입니다.

콩이 단지 먹거리로만 이용되는 것은 아닙니다. 콩기름은 잉크나 페인트, 비누, 플라스틱 등 다양한 친환경 제품을 만드는 데 이용됩니다. 콩기름으로 만든 친환경 제품들은 폐기했을 때 생물학적 분해가 쉽게 일어나기 때문에 토양이나 수질의 오염을 줄일 수 있습니다. 신문은 물론 최근 과자 봉지에까지 활용되고 있는 콩기름 인쇄는 환경을 지키기 위한 노력 중 하나라고 할 수 있습니다.

콩을 키우는 것만으로도 이산화탄소 발생에 의한 지구온난화를 지연시키는 데 도움이 됩니다. 콩밭은 1헥타르당 연간 3.01톤의 이산화탄소를 고정하고 2.18톤의 산소를 방출하여 공기를 맑게 한다고 합니다. 나만을 위하는 삶이 아니라 더불어 사는 삶, 더 나아가 지구도 살리는 삶이 콩으로 가능해질 것 같기도 합니다.

14강
건강하고 싶으면
콩을 택하라

현대인들이 가장 무서워하는 병 중 하나가 암입니다. 폐암, 대장암, 위암, 간암, 유방암, 전립선암 등을 일으키는 암세포는 우리 몸의 여러 장기를 공격해 죽음에 이르게 합니다. 암세포는 발암물질로 인해 돌연변이가 생긴 비정상적인 세포로, 주변의 세포를 무차별 공격하며 덩어리를 키웁니다. 암을 예방하려면 무엇보다 암세포가 자라나는 것을 막아야 하는데, 암세포를 원천 봉쇄하는 방법 중 하나가 항산화 효과가 뛰어난 식품을 꾸준히 섭취하는 것입니다. 콩이 바로 그러한 식품입니다.

콩에는 이소플라본, 사포닌, 피트산^{phytic acid}, 토코페롤 ^{tocopherol} 등 암세포를 억제하는 탁월한 기능을 하는 다양한 항산화 성분들이 들어 있습니다. 특히 이소플라본은 여성

호르몬인 에스트로겐과 경쟁하여 에스트로겐에 의한 유방암 발병을 억제하고, 남성의 전립선암을 예방하는 효과도 있습니다. 실제로 콩을 즐겨 먹어온 동양인들은 서양인들에 비해 유방암이나 전립선암의 발병 비율이 낮은 것으로 보고되었습니다. 또 콩에 들어 있는 식이섬유소는 발암성 물질을 몸밖으로 배출시키는 효과가 있기 때문에 우리나라에서 꾸준히 증가하고 있는 대장암의 예방에도 도움을 줄 수 있습니다. 특별히 된장이나 청국장 등의 발효 콩은 항산화 효과 및 항암 효과가 더욱 뛰어난 것으로 알려져 있습니다.

성인병을 예방하는 콩의 항산화 효과

심장은 하루에 10만 번 이상을 움직여 혈액을 온몸 구석구석까지 날라줍니다. 그런데 혈관이 막혀 혈액순환이 원활하지 않게 되면 고혈압이나 심근경색, 뇌졸중과 같은 심혈관계 질환이 발생하게 됩니다. 사고를 당한 경우를 제외한, 갑작스러운 사망 원인의 대부분이 이 심혈관계 질환이라고 합니다. 심혈관계 질환을 일으키는 동맥경화는 높은 혈중 콜레스테롤이나 당뇨병, 비만, 흡연 등이 그 원인이 되기도 하지만 무엇보다 잘못된 식생활이 그 주범입니다. 포화지방 섭취량이 늘어나면 혈중 총콜레스테롤, LDL콜레스테롤이 증가합니다. 그렇게 되면 혈관이 탄력성을 잃거나 막히게 되어 혈액이 잘 흐를 수 없게 됩니다.

콩을 꾸준히 먹는 것은 심혈관계 질환을 예방할 수 있는 한 방법입니다. 콩의 콩단백질과 이소플라본, 그리고 필수 지방산은 동맥경화를 예방하는 탁월한 효과가 있습니다. 식물성 단백질인 콩단백질은 동물성 단백질과는 달리 혈중 콜레스테롤을 감소시켜 줍니다. 그래서 미 식품의약국은 하루 25g의 콩단백질 섭취가 심혈관계 질환을 예방할 수 있다는 건강강조표시health claim를 콩 제품에 부착할 수 있도록 허용한 바 있습니다. 미국 심장병협회에서도 하루에 콩을 50g씩 먹으면 심장병의 위험이 감소한다고 밝혔습니다. 이소플라본 역시 콜레스테롤을 낮추어 주는 효과가 있습니다. 콩의 오메가3지방산과 오메가6지방산 같은 필수 지방산은 식이섬유소, 사포닌, 레시틴 등과 함께 든든한 심장 지킴이 역할을 해냅니다.

당뇨병은 좀처럼 떨어지지 않는 높은 혈당 때문에 음식을 마음껏 먹을 수 없게 되는 것은 물론, 합병증 역시 아주 무서운 병입니다. 특히 먹으면 쏜살같이 혈당을 높이는 탄수화물 식품은 당뇨병 환자에게 독과 같습니다. 당뇨병을 예방하기 위해서는 혈액 속으로 천천히 흡수되는 식품을 골라먹는, 일종의 편식의 지혜가 필요한데 그 대표적인 식품 또한 콩입니다.

콩이나 콩으로 만든 두부에 들어 있는 탄수화물은 그 양이 적을 뿐 아니라 혈액 속으로 흡수되는 속도도 느립니다. 다시 말해 혈당지수가 낮습니다. 혈당지수란 특정 식품 섭취 후 혈당이 올라가는 정도를 포도당의 혈당지수인 100과 비교한 값입니다. 콩의 혈당지수는 20 정도로 낮아 혈당 조절에 도움이 됩니다.

당뇨병 환자를 위협하는 것은 비단 고혈당만이 아닙니다. 당뇨병이 정말 무서운 이유는 심혈관계 질환이나 신장 질환 같은 합병증을 가져오기 때문인데, 콩은 이러한 두려움을 덜어주는 데에도 도움이 됩니다. 콩에 넉넉히 들어 있는 식물성 단백질이나 이소플라본, 식이섬유소 등이 혈관과 심장을 튼튼히 지켜주며, 신장을 보호하는 기능을 하기 때문이지요. 더욱이 콩에는 식이섬유소가 많아 포만감을 주기 때문에 늘 배고픔에 시달리는 당뇨병 환자들에게 반가운 식품입니다. 동시에 체중 감량에도 도움이 됩니다.

다이어트에 관심이 있는 분들이라면 '저인슐린 다이어트'를 들어보았을 것입니다. '저인슐린 다이어트'란 식후 혈당 상승이 적은 식품만으로 식단을 구성해 체중 감소를 노리는 다이어트 방법입니다. 인슐린은 혈당을 조절할 뿐만 아니라, 체지방과 단백질 합성을 유도하는 호르몬입니다. 혈당지수가 낮은 식품을 섭취하면 인슐린이 많이 분비될 필요가 없어 저인슐린 상태를 유지할 수 있고, 지방 합성을 예방할 수 있다는 것입니다. 굶지 않고 먹으면서도 똑똑하게 살을 빼는 다이어트 방법이 됩니다. 콩은 혈당지수가 낮은 식품이면서 건강에 유익한 성분들이 많아 단단하고 건강한 몸매를 만드는 데 도움이 되는 탁월한 식품입니다.

칼슘은 지켜주고, 변은 내보내고

뼈는 단백질과 칼슘, 인 등으로 만들어집니다. 뼈는 30세 전후의 청년기에 최대 골질량에 도달하고 이후 매년 뼈 속의 칼슘이 조금씩 감소합니다. 이로 인해 뼈의 구조가 서서히 무너지면서 골연화증, 골감소증, 그리고 말 그대로 뼈에 수많은 구멍이 생기는 골다공증이 발생합니다. 뼈가 약해지면 작은 충격에도 뼈가 쉽게 부러지고 허리도 굽게 되지요. 나이가 들수록 골다공증의 위험이 높아지는데, 특히 폐경기의 여성에게 빈번하게 발생합니다.

뼈에서 칼슘이 빠져나가기 때문에 생기는 질환이라면 특효약은 다름 아닌 칼슘일 것입니다. 그러나 칼슘은 먹는 것만으로는 부족합니다. 동물성 단백질은 칼슘이 소변을 통해 빠져 나가도록 만듭니다. 함황아미노산(시스테인, 메티오닌)이 많이 들어 있는 동물성 단백질을 과다 섭취하면 산성 물질이 생성되고 이를 중화시키기 위해 뼈에서 칼슘을 꺼내 오기 때문입니다.

이처럼 칼슘은 먹는 것 못지않게 지켜내는 것도 중요합니다. 이를 도와주는 식품이 바로 콩입니다. 소변으로 칼슘을 내보내는 동물성 단백질과는 달리 식물성 단백질인 콩단백질은 흡수한 칼슘을 뼈 속에 잘 간직하도록 도와줍니다. 게다가 콩에 풍부한 이소플라본 역시 뼈에서 칼슘이 녹아 나오는 것을 방지하는 효과가 있습니다. 그렇다면 콩에는 칼슘이 얼마나 들어 있을까요? 콩 100g에는 칼슘이

245mg이나 들어 있어 콩이나 두부 반찬을 챙겨 먹는 습관은 칼슘과 함께 이를 단단히 붙잡아 주는 콩단백질을 동시에 섭취하는 좋은 방법입니다.

잘 먹고 잘 자는 것만큼, 잘 내보내는 것도 건강한 삶의 필수 요소입니다. 잘 내보내지 못해서 생기는 변비는 장기간 방치할 경우 비만이나 부종의 원인이 되고 피부미용에도 악영향을 미칩니다. 게다가 치질이나 대장암을 유발하는 경우도 있어 변비는 예방과 초기 치료가 중요합니다. 콩은 장이 변을 잘 내보낼 수 있도록 도와주는 효과가 있습니다. 콩에 함유된 식이섬유소 덕분이지요. 콩에 들어 있는 불용성 식이섬유소는 장의 운동을 도와줍니다. 또한 수용성 식이섬유소는 수분을 흡수하며 팽창하는 성질을 지니고 있습니다. 이는 배변을 촉진하여 변비와 대장암을 예방하는 효과를 가져다 줍니다. 또 콩에 들어 있는 올리고당은 대장 안에서 유익한 세균이 잘 자라도록 도와줍니다. 올리고당을 먹고 자란 유익한 균들은 해로운 균을 저지하고 발암 물질이 생겨나는 것을 막아 대장을 건강하게 지키는 도우미 역할을 합니다.

우리 몸의 노폐물을 걸러내는 신장은 특별한 질병에 걸리지 않더라도 나이가 들어가면서 자연스레 그 기능이 떨어집니다. 특히 육식을 즐기는 밥상 뒤에는 신장을 위협하는 위험한 함정이 숨어 있습니다. 동물성 단백질의 함황 아미노산과 독성을 가진 질소 분해 산물 등이 신장을 더욱 힘들게 만들 수 있기 때문입니다. 그러나 콩의 단백질은 동물성 단백질과는 다르게 신장 결석, 신부전 예방 효과가 있고 질병의 진행도 늦추어 줍니다. 신장에 병에 생기면 신장에 무리가 되는 단백질의 섭취를 제한하게 되는데, 이때 육류 대신 콩을 섭취하면 신장의 부담을 줄일 수 있습니다.

건강을 지키는 파수꾼

우리의 몸은 나이가 들면서 점차 쇠약해집니다. 노화가 일어나는 것이지요. 노화의 주요 원인 중 하나는 유해한 활성산소입니다. 활성산소를 차단하는 것은 항산화제로, 콩에는 다양한 천연 항산화제가 들어 있습니다. 바로 제니스테인genistein과 다이드제인daidzein을 포함한 이소플라본과 페놀산류, 토코페롤, 사포닌, 피트산 등입니다. 이 중 가장 주목받는 것이 이소플라본입니다.

여성은 폐경과 함께 여성 호르몬인 에스트로겐 분비가 급격히 줄어듭니다. 여성 호르몬이 감소하면서 갱년기와 관련된 여러 가지 불편한 증상이 동반되곤 합니다. 뼈도 다른 조직과 마찬가지로 생성과 분해를 반복하여 턴오버(교체)되는 조직입니다. 그런데 갱년기를 포함하여 나이가 들면 뼈 생성 세포osteoblast보다 뼈 분해 세포osteoclast의 활성이 커지면서 뼈의 칼슘이 빠져 나오기 때문에 골다공증의 위험이 높아집니다.

갱년기 여성은 그 밖에도 발열감과 식은땀, 수면장애, 두통, 심한 감정 변화, 근육 통증, 소화 불량 등의 다양한 증상을 호소합니다. 우울증이나, 집중력 감소, 기억력 감퇴 등이 동반되기도 하는데 이러한 육체적, 심리적 증상이 심해지면 일상생활에도 지장이 생깁니다. 갱년기 증상을 완화하기 위해 에스트로겐을 투여하는 호르몬 대체요법을 사용하기도 하는데 호르몬 대체요법은 그 자체로 문제의 소지가 있습니다. 유방암이나 자궁암 발생 위험이 높아진다는 부작용 때문입니다.

그런데 콩에 들어 있는 이소플라본이 여성 호르몬인 에스트로겐과 비슷한 작용을 합니다. 이소플라본에는 제니스테인, 다이드제인, 글리시테인glycitein 등이 있는데, 여성 호르몬과 유사한 기능을 하기 때문에 폐경기 여성의 신체적 불편을 완화시켜 주고, 골밀도와 뼈 건강에도 도움을 줍니다. 그래서 콩, 특히 검은콩을 중년 여성에게 좋은 음식이라고 손꼽는 것입니다. 부작용의 염려 없이 갱년기 증후군을 완화시켜 주는 것은 물론 암을 예방하고, 심장을 지켜줍니다. 이런 다재다능한 물질이 노화를 방지하는 데도 도움을 준다니, 중년 여성이 아니더라도 건강에 관심 있는 분들은 콩의 매력을 지나치지 못할 것 같습니다.

뿐만 아니라, 콩은 치매의 대표적 원인 질환인 알츠하이머병을 예방하는 데에도 도움을 줍니다. 알츠하이머병은 뇌에 '아밀로이드 플라그amyloid plaque'라는 이상 단백질이 쌓이며 뇌조직과 기능이 상실되는 질환입니다. 자신이 누구인지조차 잊어버리게 되는 알츠하이머병에 걸린 사람의 뇌에서는 기억과 학습에 관련하는 신경전달물질인 아세틸콜린acetylcholine이 급격히 감소합니다. 그런데 콩에는 아세틸콜린의 성분이 되는 콜린choline과 인지질의 일종인 레시틴이 다량 함유되어 있습니다. 콜린과 레시틴이 아세틸콜린을 보충해 주는 데 도움이 되어줍니다. 콩에는 이렇게 영양가치가 듬뿍 들어 있어, 그야말로 우리 몸의 건강을 지키는 파수꾼 역할을 해냅니다.

식사 혁명 ────────

제6부

미래사회의
먹거리

15강
대체육류로
육류 대체를 꿈꾸다

인구가 늘어난 만큼 고기를 원하는 사람들도 많아졌습니다. 그만큼의 고기를 얻기 위해 인류가 지불해야 할 부담 또한 커졌습니다. 과도한 육식으로 인한 건강 문제는 물론, 자원의 소모 및 환경에 미치는 문제점도 더 이상 방관할 수 없는 상황이 되었습니다. 때문에 환경을 해치지 않으면서도 고기 맛을 포기할 수 없는 사람들을 만족시킬 돌파구를 찾으려 열심입니다. 대체육류 개발도 그중 하나입니다. 물론 대체육류를 선택하는 이유는 우선적으로 건강 때문입니다. 맛 좋은 고기이지만, 채식 중심의 식생활이 건강에 더 좋다는 것에는 대체적으로 이견이 없기 때문입니다.

과거에는 고기 대신에 콩이나 두부, 템페tempeh, 세이탄seitan(밀고기) 같은 것들을 선택했다면, 최근에는 고기보다 더 고기 같은, 고기인 듯 고기가 아닌 대체육류가 개발되고 있습니다. 식물성 원료로 햄버거의 패티와 인공치즈를 개발한 '임파서블푸드Impossible Foods', 콩과 채소로 닭고기의 질감과 맛을 낸 '비욘드미트Beyond Meats' 등의 스타트업 기업이 이목을 끌고 있고, 마이코프로틴mycoprotein을 이용한 식품 '퀸Quorn'은 이미 영국을 비롯한 유럽 여러 나라에서 애용되고 있습니다.

대체육류 및 육류 대용식품으로 번역되는 '미트 얼터너티브meat alternatives'는 이미 1300년대에 중국에서 사용되었던 용어라고 합니다. 사실 이 용어에 대한 학문적 정의가 있는 것은 아니지만, 일반적으로 '고기를 사용하지 않았으나 외관, 질감, 맛 등이 거의 고기와 같은 식품'이라는 의미로 사용됩니다. 최근 미국의 한 시장조사 전문기관이 발표한 「글로벌 육류 대용식품 시장 분석 및 전망 보고서」에 따르면, 2016년 37억 달러 규모였던 육류 대용식품 시장이 앞으로 연평균 7.5%씩 성장하여 2022년에는 58억 달러 규모로 확대될 것이라 합니다. 그중에서도 특히 마이코프로틴을 이용한 제품의 성장에 주목하고 있습니다.

균류에서 유래한 마이코프로틴

마이코프로틴은 버섯 곰팡이류(균류)인 섬유형 균류 Fusarium venenatum가 만들어 내는 단백질입니다. 마이코프로틴

마이크로프로틴 100g		
영양 성분	Dry Mycoprotein	Mycoprotein Ingredient(Wet Weight)
수분(g)	0	75
단백질(g)	45	11.25
지방(g)	13	3.25
섬유소(g)	25	6.25
탄수화물(g)	10	3
열량(kcal)	340	85
회분(g)	3.4	0.85

마이크로프로틴의 구성 성분

을 주원료로 하여 만든 대표적인 식품이 바로 영국의 식품 기업 말로우푸드Marlow Foods Ltd.사의 브랜드 '퀀'입니다. 1985년 첫 선을 보인 퀀은 초기에는 버섯으로 만든 식품으로 소개되기도 했으나, 현재는 마이코프로틴을 사용한 육류 대용식품의 대명사로 통하고 있습니다. 한국에서는 아직 생소하지만 이를 이용한 햄버거 패티, 스테이크, 델리, 라자냐, 라비올리 등의 제품이 유럽과 미국, 호주, 남아프리카공화국을 비롯한 20여 개국에 판매되고 있습니다.

마이코프로틴은 실처럼 가느다란 사상균의 형태로 닭가슴살 구조와 유사하고, 고기와 같은 질감을 주기 때문에 육류 대용식품의 주성분으로 활용됩니다. 마이코프로틴 자체는 순수한 균류 단백질이기 때문에 비건이라고 할 수 있지만 대부분의 시판 제품들은 가공과정에서 달걀흰자나 우유 성분이 사용된 경우가 많습니다. 비건이라기보다는 미트프리meat free에 해당되는 것이지요.

마이코프로틴이 어떻게 만들어지는지 간단히 알아볼까요? 먼저 푸사리움Fusarium 배양종균을 발효 탱크에 넣은 후 단백질을 만들어 낼 수 있는 먹이로 포도당과 미량무기질을 공급합니다. 이어 암모니아와 공기를 주입하는데, 암모니아의 질산염과 공기의 산소가 더해지면 균의 성장이 활발해집니다. 균류의 대사과정에서 발생하는 폐기체는 관으로 배출시키고, 냉각수 코일로 탱크의 최적 온도를 유지해 가며 약 6주간을 발효시킵니다. 증식된 균류 단백질이 배양실에 쌓이면 이를 수집하여 열처리 및 건조, 냉동한 후 외관과 풍미를 더하는 가공과정을 거칩니다. 이로써 고기가 들어가지 않은 소시지나 슬라이스 햄 등의 육류 대용품이 만들어지는 것입니다.

마이코프로틴의 영양적 특성은 육류를 능가합니다. 건조 중량 100g에는 단백질 45g, 섬유질 25g, 지방 13g, 탄수화물 10g 및 다양한 무기질과 비타민이 들어 있습니다. 필수아미노산을 모두 갖춘 양질의 단백질(PDCAAS 0.996)로, 특히 루신과 라이신 함량이 높은 편입니다. 또 식이섬유소(키틴과 β-글루칸의 혼합물)가 많은 저지방 식품으로, 콜레스테롤이나 트랜스지방을 함유하고 있지 않다는 장점이 있습니다. 이와 같은 특징이 체내의 혈중 총콜레스테롤과 LDL-콜레스테롤을 낮추고, 혈당 및 포만감 조절에도 도움을 준다는 연구 결과도 보고된 바 있습니다.

고기 없는 햄버거 탄생

지난 1~2년 전부터 뉴욕에서 인기를 끌고 있는 '핫한' 햄버거가 있으니 바로 앞서 소개한 '임파서블 버거'입니다. 미국 스탠포드 대학교의 패트릭 브라운 교수가 설립한 식품 스타트업 임파서블푸드가 개발한 고기 없는 햄버거이지요. 실제 고기에서 볼 수 있는, 핏물이 흐르는 듯한 외관과 맛을 재현했다고 찬사를 받았습니다.

임파서블 버거는 채식주의자를 위한 것이 아니라, 고기를 좋아하는 사람들을 위한 '고기 아닌 고기'입니다. 임파서블푸드 연구진은 소고기를 분자 수준에서 연구하는 과정에서 고기의 맛과 색의 핵심이 헴heme 단백질에서 비롯된다는 것을 알게 되었습니다. 앞서 설명한 것처럼 혈액과 근육에는 산소를 운반하는 철 함유 단백질인 헤모글로빈과 미오글로빈이 있습니다. 헴 단백질 때문에 육즙이 붉게 보이고, 철분으로 인해 고기 특유의 비릿한 '쇠' 냄새가 나는 것이지요.

이들은 연구 끝에 콩과식물의 뿌리혹에서 헤모글로빈과 유사한 레그헤모글로빈leghemoglobin 단백질을 발견했습니다. 콩과식물과 같은 질소고정식물이 질소고정에 필요한 에너지를 공급하는 데 레그헤모글로빈이 중요한 역할을 합니다. 콩과식물에서 추출한 레그헤모글로빈 유전자를 효모분자에 주입하고 발효시킵니다. 그리고 생성된 레그헤모글로빈을 모아 여과 등의 과정을 거쳐 헴을 추출합니다. 이것

임파서블 버거

이 식물에서 유래하는 헴 단백질을 만드는 과정입니다. 여기에 밀가루와 감자 전분 등을 섞어 구웠을 때 바삭해지는 식감을 만들어 내고, 코코넛 오일로 고기 기름의 풍미를 완성합니다. 식물성 원료만으로 육류의 맛과 질감을 모두 갖춘 인조고기를 만드는 데 성공한 것입니다.

이 인조고기는 현재 미국의 뉴욕, LA, 샌프란시스코 등지에서 인기리에 판매되고 있습니다. 붉은 육즙을 가진 인조패티의 맛과 육질이 일반 소고기와 구분이 안 된다는 반응입니다. 임파서블 버거의 패티는 소고기보다 단백질은 많고 지방이 적으며, 콜레스테롤과 항생제가 0%라는 장점이 있어 다이어터들에게 더욱 인기가 있다고 합니다.

임파서블푸드는 건강과 환경에 나쁜 영향을 주지 않는 식품을 개발하기 위해 현재 생선이나 닭고기, 돼지고기 맛 또한 구현했습니다. 또한 자신들의 제품을 통해 2035년까지 인류 식생활에서 고기를 완전히 대체하겠다는 의지를 보이고 있습니다.

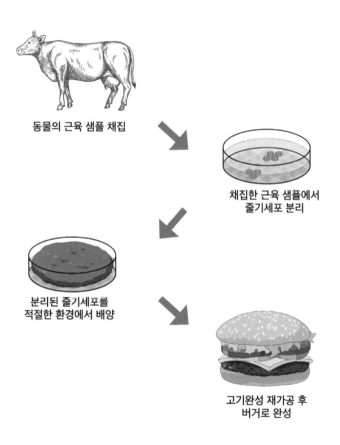

동물의 근육 샘플 채집

채집한 근육 샘플에서
줄기세포 분리

분리된 줄기세포를
적절한 환경에서 배양

고기완성 재가공 후
버거로 완성

인조고기, 배양육 생성 과정

줄기세포를 이용한 배양육

2017년 넷플릭스를 통해 공개된 봉준호 감독의 영화 〈옥자〉는 동물 보호주의자와 채식주의자들로부터 큰 호평을 받았습니다. 가혹한 도축환경, 산업화된 축산업 등을 한 편의 무서운 동화처럼 잘 풀어냈기 때문입니다. '옥자'는 가장 맛있는 고기를 대량으로 만들기 위해 유전자 변형으로 탄생한 동물입니다. 옥자의 고통을 지켜보며 유전자 변형을 통한 식품 생산에 거부감이 생긴 관객들도 많았을 것입니다. 하지만 현실에서는 영화와 달리 좋은 의도로 만드는 인조고기가 있습니다. 배양육cultured meat 이 그 중 하나입니다.

『사이언스 뉴스』의 보도에 따르면 최근 미국 FDA가 '영양분이 많으면서 즙이 많은 맛있는 인조고기'를 합법화할 수 있을지에 대해 과학자들로부터 의견을 듣고 있다고 합니다. SF 소설처럼 들렸던 이야기가 현실이 되고 있는 것 같습니다. 이 고기는 임파서블 패티보다 한 발 더 나아간, 온전히 실험실에서 키워진 인조고기(배양육)입니다.

물론 기존의 육가공업자들은 크게 반발하고 있습니다. 그러나 인조고기 도입 찬성론자들은 인조고기가 환경보호는 물론 동물의 안전과 복지, 그리고 인류 건강을 위해 큰 역할을 할 수 있을 것으로 전망합니다. 마치 1890년대 말, 뉴욕 시를 돌아다니던 약 18만 마리의 말이 거리에 쏟아내는 배설물의 처리가 힘들어지자 그 해결 방안으로 포드의 '모델 T'와 같은 자동차가 등장한 것처럼 말입니다.

배양육은 소나 돼지, 닭 등의 가축에서 추출한 줄기세포를 실험실에서 배양한 후, 이에 색을 입혀 만든 고기입니다. 배양육을 인비트로미트in vitro meat나 세포배양육 혹은 클린미트clean meat라고도 부릅니다. 이 중 클린미트는 '인위적'이라는 용어가 주는 거부감을 희석시키려는 의도가 담겨져 있는 것으로 보입니다.

배양육 관련 기술은 2013년 네덜란드에서 처음 개발되었습니다. 이후 2017년 미국의 푸드테크기업 '멤피스미트Memphis Meats'가 세계 최초로 닭고기 배양육 개발에 성공하였습니다. 여기에 빌게이츠와 리처드 브랜슨Richard Branson 버진그룹 회장 등이 투자 의향을 보여 세계적으로 이목이 집중되었지요. 배양육은 식물을 이용해 고기의 맛과 모양을 흉내 낸 고기(가짜고기)와는 차원이 다릅니다. 고기는 고기이지만 가축을 도축하지 않고 만들어 낸 고기로, 맛에서도 도축한 고기와 큰 차이를 보이지 않는다는 특징이 있습니다. 아마도 배양육의 가장 큰 장점은 기존 육류 생산 방식에 비해 온실가스 배출량이 96%나 적고, 토지와 축산용수를 각 99%, 96% 덜 사용한다는 것이 아닐까 합니다.

그러나 배양육을 생산하려면 가축으로부터 얻는 것보다 더 많은 산업 에너지를 필요로 합니다. 또 생산 공정에서 호르몬이나 영양소 등의 화학물질을 사용하기 때문에 자연적인 생산 시스템에 가치를 두는 사람들은 거부감을 느낄 수 있습니다. 더불어 세포 배양 기술로 근육 단백질을 만들어 낼 수는 있지만, 고기 맛을 좌우하는 모든 요소를 모방하는 것 자체는 어렵다는 현실적인 문제 또한 있습니다.

고기의 품질에 영향을 주는 요소는 매우 많고 복잡합니다. 도축 후에 이루어지는 당 분해 작용, 칼슘 방출, 에너지 이용, 사후강직 개시, 산화 및 변성, 효소 작용 등 일련의 복잡한 대사 과정을 거치면서 고기의 맛이 결정됩니다. 또한 냉각이나 매달기 방법(향미 증진을 위해 도축한 육류를 매달아 숙성시키는 과정), 도축 시 사용하는 전류 등을 포함한 도살장 환경도 무시할 수 없습니다. 실제로 고기의 맛은 사육하는 농장의 환경이나 가축의 사료부터 사후 관리 방법까지 다양한 요인이 영향을 미치는데, 그런 복합적인 과정을 배양육 생산 공정에 접목할 수 있을지는 아직 미지수입니다.

또한 아직 초기 단계이긴 하지만 근육세포, 지방세포 등의 세포 공동 배양 문제나 암세포 유발 가능성, 잠재적인 유전적 불안정성 등 해결해야 하는 기술적 과제가 많습니다. 더불어 배양된 세포에는 면역체계가 없기 때문에 세포 배양이나 포장 과정에서 세균이나 바이러스가 침투할 가능성도 있습니다. 면밀한 점검이 필요한 부분입니다.

아직은 낯선 개념인 배양육에 대한 각국 소비자들의 반응은 제각기 다릅니다. 2016년 프랑스 소비자들을 대상으로 조사한 결과, 절반 정도가 배양육의 개념이 타당하다고 수용하였습니다. 그러나 맛과 건강 측면에서는 회의적이어서, 실제 고기 대신 배양육을 먹겠다고 하거나 다른 사람에게 추천하겠다고 응답한 소비자는 매우 소수였습니다. 영국의 음식 평론가들은 맛 테스트에서 배양육이 특별한 맛을 내는 것은 아니지만 수용 가능한 수준이라고 평가하였습니다. 반면 미국에서는 배양육을 맛볼 의향은 있으나 일상 식사에서는 꺼려진다는 소비자 반응이 있었습니다.

우리나라는 어떨까요? 짐작컨대, 건강이나 환경, 동물복지를 고려하여 육류 소비를 줄이고자 하는 소비자, 그리고 윤리적 소비를 지향하는 소비자들에게는 아마도 지지를 받을 것 같습니다. 반면 채식주의자들의 경우 배양육의 출발 물질이 어차피 동물에서 비롯되었으므로 그 반응이 크게 달라질 것 같지는 않습니다. 그렇다면 여러분들의 의견은 어떠신지요?

16강
단백질의
패러다임을 바꾸다

영양학적 지식이 많지 않은 사람이라도 콩과 같은 식물성 단백질이 우리 몸에 좋다는 사실 정도는 인지하고 있습니다. 그러나 콩이 좋은 줄은 알지만, 콩의 맛이나 식감을 별로 좋아하지 않는다면 영양과 입맛 사이에서 딜레마를 겪게 됩니다. 그런데 다행히도 식물성 단백질을 얻을 수 있는 식품은 콩 말고도 참 많습니다. 곡물과 종실류, 견과류, 두류와 엽채류 등입니다. 이들은 지속가능한sustainable 단백질은 물론 피토케미컬과 비타민, 무기질, 식이섬유소 등 건강에 도움이 되는 영양성분과 기능성 물질을 공급합니다. 콩은 앞에서 자세히 다루었으니 제외하도록 하고, 여기에서는 식물성 단백질 급원으로 주목할 만한 또 다른 식품들을 소개하겠습니다.

곡류에도 단백질이 있다

귀리는 벼, 밀, 옥수수, 잔디 등을 포함하는 벼과^{Poaceae} 식물로, 보리나 밀보다 그 모양이 가늘고 깁니다. 밀과 비교해 볼 때 단백질과 식이섬유소, 불포화지방산 및 항산화제 함량이 높습니다. 특히 다른 곡물에 비해 식이섬유소 함량이 월등히 높아 다이어트에 좋은 식품으로 알려져 있습니다. 껍질을 벗긴 귀리에는 단백질 함유량이 15~20%나 되니 웬만한 동물성 식품 못지 않습니다.

밀족 곡물(보리, 호밀, 밀 등)이 주로 알코올 용해성 프롤라민을 함유하고 있는 것과는 달리, 귀리 단백질은 주로(70~80%) 염분 용해성 글로불린을 포함하고 있습니다. 다른 곡물 단백질보다 균형 잡힌 아미노산 조성을 가지고 있고, 메티오닌 등 함황아미노산과 트립토판도 많습니다. 그래서 메티오닌이 많지 않은 콩과식물과 좋은 보완 관계가 됩니다. 귀리 단백질의 PDCAAS 값은 0.5 정도로 대두 단백질의 절반 수준이지만, 귀리의 PER^{Protein Efficiency Ratio} 값(2.3)은 대두 단백질 값(2.28)과 유사하고 소화도 잘 되는 편입니다(>90%).

귀리의 유용성은 대부분 가용성 식이섬유소와 β-글루칸에 기인합니다. β-글루칸은 혈중 LDL-콜레스테롤 농도를 낮추고 심혈관계 질환의 위험성을 줄이는 데 도움이 되는 기능성 성분입니다. 혈당 조절과 제2형 당뇨병 예방, 만성질병 위험률 및 사망률을 줄이는 데도 긍정적인 영향을 미치는 것으로 알려져 있습니다. 미국과 유럽에서는 건강강조표시로 적용되고 있고요. 귀리에는 글루텐이 들어 있지 않기 때문에 만성 소화성 장애인 셀리악병celiac disease 환자들에게 적합한 식물성 단백질 급원이 됩니다. 그래서 글루텐프리 식사에서 부족하기 쉬운 식이섬유와 피토케미컬을 제공하는 영양 공급원으로 활용되고 있습니다.

치아씨드chia seed는 민트과Lamiaceae 샐비어Salvia속의 일종인 치아에서 나오는 작은 씨앗입니다. 남미 아즈텍 문명의 주식이었던 치아씨드는 멕시코를 비롯한 남미와 북미 지역에서 상업적인 인기를 누리게 되면서 우리나라에도 소개되었지요.

치아는 키가 1m까지 자라는 일년생 식물인데 그 씨앗은 1~2mm 크기의 타원형 모양으로 부드러우며 광택이 있고 검정색, 회색, 흰 바탕에 검은 얼룩 등 다양한 색깔이 있습니다. 식이섬유소가 풍부하고 물을 흡수하면 부피가 크게 증가한다는 특징이 있습니다. 우유나 주스에 넣어 불려 먹거나 날것으로도 먹는데, 소량으로도 쉽게 포만감을 느낄 수 있어 다이어트 식품으로 홍보되기도 했습니다.

치아씨드는 단백질과 식이섬유소, 오메가3지방산이 풍부하여 영양적으로 우수할 뿐 아니라 기능성 식품으로서도 높은 잠재력을 갖고 있습니다. 탄수화물, 단백질, 지질의 구성비는 약 41%, 15~24%, 25~40%인데, 특히 지질의 반 이상을 리놀렌산(ω-3, 5~60%)이 차지하여 리놀레산(ω

-6, 18~20%)보다 더 많습니다. 또한 수용성 및 불용성 식이섬유소가 전체 중량의 35% 이상을 차지합니다. 비타민 B군뿐 아니라 칼슘, 마그네슘, 철, 아연, 구리 등 무기질도 풍부합니다. 칼슘은 우유의 6배, 철분은 4배에 달하고 페놀 화합물과 같은 천연 항산화물질 함유량도 많습니다. 귀리 단백질처럼 치아씨드에도 글루텐이 들어 있지 않아 셀리악병 환자들이 섭취할 수 있습니다. 과거에는 주로 치아씨드의 지질 함량이나 품질에 대한 관심이 많았는데, 2000년대 이후에는 필수아미노산을 함유한 우수한 단백질 급원으로서의 가치에 주목한 다수의 연구가 진행되었습니다.

치아씨드 단백질의 반 이상(52~54%)은 글로불린이고, 프롤라민, 알부민, 글루테린이 각각 약 18%, 17%~19%, 14%를 차지합니다. 일상적으로 치아씨드를 섭취하면 콜레스테롤과 혈압이 낮아지고, 체중 감량, 관절 통증 감소, 지구력 강화, 항산화 등의 효과가 있는 것으로 보고되었습니다. 그 기저에는 식이섬유소와 오메가3지방산이 있습니다. 또한 치아씨드의 점액chia mucilage은 많은 양의 물을 흡수할 수 있어 위장에서 포만감을 주기 때문에 식사량을 줄이는 데 도움이 됩니다. 보통 치아씨드의 권장 섭취량은 하루 15~25g 정도로 제안되는데, 날로 먹을 때는 한 번에 두 큰술 이상은 먹지 않는 것이 좋습니다. 불리지 않은 것을 한 번에 많이 먹으면 부피가 갑작스럽게 커져서 소화기관에 무리가 갈 수 있기 때문입니다.

완두콩, 렌틸콩, 땅콩의 재발견

대두 외에 최근 관심이 쏠리고 있는 두류에는 완두 콩과 렌틸콩이 있습니다. 완두콩은 전 세계에서 단백질 공급과 사료용으로 재배되는 호냉성 두류 작물입니다. 주요 재배지역은 캐나다, 러시아, 미국, 프랑스, 호주 등입니다. 1970년대에 캐나다 정부의 주도하에 건조 완두콩 생산량 이 증가되기 시작한 이래, 지속가능한 식물성 단백질 작물 로 주목받고 있습니다. 완두를 윤작(돌려짓기)함으로써 다

종류	퀴노아	렌틸콩 (렌즈콩)	치아씨드
주요영양소	단백질, 오메가-3, 식이섬유, Non-글루텐	단백질, 비타민, 식이섬유 풍부	오메가-3, 식이섬유, 항산화성분
단백질 (100g당)	14.1g	24.6g	16.5g
식이섬유 (100g당)	7g	10.7g	34.4g
특징	콜레스테롤 저하, 심장보호, 항염증 효과	다이어트 효과, 혈중 콜레스테롤 및 식후 혈당 저하	포만감 제공, 비만·고지혈 환자 도움, 블루베리보다 많은 항산화성분 함유

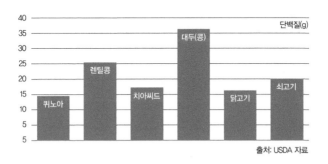

출처: USDA 자료

슈퍼푸드(통곡물)의 영양적 가치

른 곡류와 종실류의 산출량이 증가했고, 여름 휴경 면적이 감소하면서 토지 사용이 증가했습니다. 완두콩을 다른 작물과 윤작하면 작물의 병해 관리뿐 아니라 토양 내 질소고정, 유기물 증가, 토양 응집 개선 및 수자원 보존에도 도움이 됩니다.

지난 30여 년간 주요한 지속가능성 작물로 활약해 온 완두콩의 영양가를 한번 살펴볼까요? 단백질이나 식이섬유소 함량은 품종이나 재배 지역, 환경에 따라 차이가 많지만, 일반적으로는 탄수화물(60%~65%), 단백질(18~30%), 지방(1.2%~1.8%), 식이섬유소(17%~27%)로 구성되어 있습니다. 밀에 비하여 단백질과 식이섬유소, 총 당류 및 칼슘, 마그네슘, 인, 철, 아연, 구리 등의 무기질 함량이 많고, 티아민, 리보플라빈, 나이아신, 엽산 등도 풍부하다는 장점이 있습니다.

완두 씨앗은 발육 과정에서 대량의 단백질을 축적하는데, 곡류 단백질을 보완해 주는 단백질이기 때문에 영양 수준을 향상시키는 데 이용할 수 있습니다. 개발도상국이나 저개발국의 중요한 단백질 급원이자 무기질과 비타민, 피토케미컬을 제공하는 고마운 작물입니다. 최근에는 육류 대용식품 개발에 완두콩 소재가 각광을 받고 있습니다. 완두콩 소재로 만든 햄버거 패티, 스테이크, 다진 고기 등은 질기지 않은 식감과 함께 고기의 맛을 제공합니다. 또 조리가 빠르고 쉽다는 장점이 있습니다.

렌틸콩은 작은 콩과식물 씨앗으로 기원전 7천 년경 서남아시아에서 기원한 가장 오래된 식량 작물 중 하나입니다. 녹두 같은 맛이 나며 렌틸콩 특유의 은은한 향이 있습니다. 건조된 것을 그대로 먹어도 되고, 크기가 작아 20분 정도만 삶아도 잘 익기 때문에 수프나 샐러드로 만들어 다양하게 먹을 수 있습니다. 렌틸콩은 완두콩, 병아리콩 등과 같이 콩류로 분류되며 밀, 귀리, 보리, 쌀 등의 곡류 대비 약 두 배가량의 단백질(22~32%)을 함유하고 있습니다.

고단백 식품인 렌틸콩은 고기에 비해 가격이 저렴하여 '가난한 사람의 고기'라고 일컬어졌습니다. 곡류 중심의 식이에서 부족한 아미노산과 미량 영양소의 필요량을 채워주는 식품이었지요. 특히 채식 위주의 식생활을 하는 서아시아와, 히말라야 남쪽에서 인도양까지 이어지는 남아시아 지역의 인도, 방글라데시, 파키스탄, 네팔 등에서 렌틸콩은 저렴한 단백질 급원이었습니다. 다른 콩류 단백질과 마찬가지로 필수아미노산인 루신, 라이신, 페닐알라닌, 트레오닌이 많습니다. 반면 메티오닌과 시스테인은 적은 편으로 렌틸콩과 쌀, 그리고 밀과의 조합은 모든 필수아미노산을 포함하는 완전한 단백질 급원이 됩니다.

렌틸콩도 글루텐 단백질이 들어 있지 않아 셀리악병 환자들이 섭취할 수 있습니다. 또 렌틸콩은 식이섬유소 함량이 고구마의 10배, 바나나의 12배나 될 정도로 많습니다. 비타민 B와 다량의 철, 인, 칼륨, 아연, 엽산, 나이아신이

들어 있어 특히 가임기 여성, 어린이뿐만 아니라 채식주의
자들의 필요 영양소를 충족시켜 줄 수 있습니다. 렌틸콩은
LDL-콜레스테롤을 줄여 주고 심혈관 질환과 암, 당뇨병의
위험을 낮춰 주는 등 다양한 건강상의 이점을 제공합니다.

지난 100년 동안 땅콩은 미국 가정의 주된 식품이자
식물성 단백질 급원이었습니다. 땅콩은 3,500년 전 남아메
리카에서 시작되어 1700년대 초반 유럽과 아프리카 및 북
아메리카로 확산되었고 식용작물로 널리 재배되었습니다.
또 땅콩버터를 비롯한 가공제품에 많이 이용되어 왔습니
다. 땅콩버터는 제2차 세계대전 당시 미군의 휴대용 식량
이기도 했고, 미국에서는 일반 가정의 필수 저장품으로도
흔히 볼 수 있는 식품입니다. 채식주의자들에게는 중요한
단백질 급원이기도 합니다.

땅콩 100g은 약 567kcal이며, 탄수화물, 단백질, 지질
의 에너지 비율은 약 11%, 16%, 73%입니다. 일반적인 1회
섭취량은 볶은 땅콩 14g(28알 정도) 또는 땅콩버터 두 큰
술 정도입니다. 지질은 대부분 올레산과 리놀레산으로 구
성되어 있으며, 포화지방산에 대한 단일불포화지방산의 비
율은 올리브기름과 비슷한 수준입니다. 탄수화물 조성은
당류는 적고 상대적으로 식이섬유소 함량이 높은 편입니
다. 땅콩에는 다양한 무기질(구리, 망간, 칼슘, 인, 마그네
슘, 아연, 철분)과 비타민(비타민 E, 티아민, 나이아신, 엽
산)이 함유되어 있습니다.

땅콩 단백질은 대부분의 식물성 단백질과 마찬가지로 불완전합니다. 메티오닌이나 라이신, 트레오닌, 트립토판은 많지 않습니다. 그럼에도 다른 콩류나 통밀, 옥수수와 비교했을 때 소화율이 높다는 장점이 있습니다.

땅콩에 대한 거부감이 없는 만큼, 최근에는 땅콩이나 견과류를 이용한 대체육nut-based meat alternatives도 선을 보이고 있습니다. 이를 넛미트nut meat라고도 하는데, 땅콩을 비롯하여 호두, 헤이즐넛, 피칸, 캐슈넛, 피스타치오, 해바라기씨 등을 주원료로 하고 밀이나 콩, 식물성 오일, 베이스 소스를 첨가하여 만듭니다. 고기의 조직감이 약하다는 단점이 있기도 하지만 넛커틀릿, 베지버거 등이 새로운 식품으로 활용되고 있습니다. 영국에는 일요일에 전통적으로 먹는 비프 로스트를 대신하는 넛 로스트nut roast가 있습니다. 미국, 캐나다, 영국 등의 채식주의자들은 추수감사절 같은 명절에 넛미트 캐서롤casserole(오븐에 넣어서 천천히 익혀 만드는, 한국 음식의 찌개나 찜 비슷한 요리)을 만들어 메인 요리로 즐기기도 합니다.

식물에서 직접 단백질을 얻는다면

헴프hemp는 대마를 일컫는데, 줄기로부터 삼직물의 원료가 되는 긴 섬유를 채취하기 위해 전통적으로 재배되어 온 작물입니다. 헴프씨드hemp seed(대마씨)는 아시아 국가에서는 오랫동안 식량으로 사용되기도 했고, 경제적 가치가 있는 식용유의 주요 원료이기도 했습니다. 다만 전 세계적으로는 환각성분인 THC^tetrahydrocannabinol로 인해 식품으로 널리 이용되지는 못했습니다.

대마의 환각성분은 종에 따라 함유량이 다른데, 그 함량에 따라 각기 다른 이름으로 불립니다. 환각성분이 많은 (6~20%) 종은 '마리화나'로 분류되고, 1~2% 이내로 적게 들어 있는 종은 '헴프'라 부릅니다. 헴프를 가공할 때 씨앗의 껍질을 벗겨내고 소량의 환각성분을 제거하면 헴프씨드에는 환각성분이 남아 있지 않게 됩니다. 국내에서는 이렇게 환각성분이 제거된 헴프씨드를 먹거나 기름으로 사용해 왔습니다. 약 20년 전, THC가 적은(⟨0.3%) 산업용 대마가 중국과 캐나다를 중심으로 여러 국가에서 사용 가능하게 되자 헴프씨드가 함유된 식품의 상업화도 증가했습니다.

헴프씨드에는 단백질, 지질, 불용성 섬유질이 각각 약 25%, 30%, 10~15% 포함되어 있습니다. 지질은 주로 (80%) 오메가3와 오메가6의 다가불포화지방산이고, 포화지방산은 약 10%에 불과합니다. 성숙한 씨앗에 존재하는 엽록소 때문에 신선한 헴프씨드 오일은 녹색을 띱니다. 단백질 함량은 헴프씨드 100g을 기준으로 두부의 3.9배, 닭가슴살의 2배, 쇠고기의 1.6배, 귀리의 1.8배 이상이 들어있습니다. 필수아미노산과 아르기닌 함량이 많으며, 특히 필수아미노산의 함량은 대두에 필적합니다. 헴프씨드의 소화율은 92%, PDCAAS 값은 0.6 정도로 보고되었습니다. 아르기닌이 혈관을 이완시키고 혈류 개선에 도움이 되는 산화질소의 전구체 역할을 하기 때문에 심혈관 건강을 위한 소재로도 특별한 관심을 받고 있습니다.

유채유(油菜油)로 번역되는 카놀라유^{canola oil}라는 말은 '캐나다^{Canada}'와 '오일 로우 애시드^{oil low acid}'의 can과 ola을 따와 만든 단어입니다. 그래서 카놀라와 유채씨^{rapeseed}로 혼용되어 사용되고 있습니다. 유채는 '평지'라고도 불리며 꽃은 노란색이지만 씨는 적갈색, 흑갈색 등이 있습니다. 한국에서 재배되고 있는 종의 대부분은 흑갈색을 띠는 검정씨로, 주로 남부와 제주도에서 많이 재배되며 식용유의 원료가 되고 있습니다. 고고학적 증거나 종교, 전통적인 민속 의학 치료법 등에 근거하면 유채는 인류에 의해 작물로 재배된 최초의 식물 중 하나로 추정되고 있습니다.

산업적으로 유채씨는 세계 유지종자 생산에서 대두(55%)에 이어 두 번째(약 14%)순위를 차지하고 있으며, 식물성 유지 소비에서는 팜유와 콩기름에 이어 3위를 차지하고 있습니다. 지방산 조성의 경우 단가불포화지방산이 60%이상, 오메가3 리놀렌산이 10% 정도로 건강에 좋은 기름으로 평가받고 있기 때문입니다.

유채씨 단백질의 소화율 등 유채씨 단백질에 관한 연구는 아직 미미하지만, 실제 유채씨 단백질은 다른 식물성 단백질보다 FAO, WHO 등에서 설정한 기준 단백질 패턴에 더 가깝고, 필수아미노산(400mg/g 단백질)과 황 함유 아미노산(3~4%, 40~49mg/g 단백질) 함량 또한 많습니다. 이처럼 최근 유채씨 단백질의 기능적 특성이 주목을 받으면서 다양한 제품이 제안되고 있습니다. 유채씨 단백질 농축액을 활용한 소시지, 난황 대신 가수분해^{hydrolysis} 유채 단백질을 이용한 마요네즈뿐 아니라 가공육, 치즈 등 다각적인 활용이 시도되고 있습니다.

이렇게 다양한 식물성 식품으로부터 사람들은 단백질을 얻을 수 있습니다. 동물들도 식물성 식품의 단백질을 섭취한 뒤, 사람들에게 고기와 젖이라는 단백질을 제공합니다. 그렇게 보면 식물성 기반의 단백질을 동물의 고기로 바꾸는 것은 매우 비효율적이라는 생각이 듭니다. 식물성 단백질은 동물성 단백질에 비해 물과 토지, 화석 에너지 등을 더 적게 사용합니다. 동일 면적의 토지에서 두류는 10배, 쌀은 13배를 더 생산할 수 있으며, 단백질 양으로 비교해 보면 같은 면적에서 콩은 소고기에 비해 20배 더 많은 양을 얻을 수 있습니다.

동물이 아닌 사람이 직접 먹는 음식을 생산하면 자연 자원을 적게 사용하면서도 10~20배 더 많은 사람들을 먹일 수 있는 것입니다. 돌아가지 않아도 되는 길이 있음에도, 동물과 지구 환경의 희생을 요구하며 힘겹게 돌아가야만 하는지에 대해 생각해 보지 않을 수 없습니다.

제3의 단백질 공급원, 조류 단백질

동물성도, 식물성도 아닌 제3의 단백질 공급원으로 조류^{algae}가 있습니다. 조류는 보통 해초와 같은 해조류와 미세조류^{microalgae}를 통칭합니다. 해조류는 해수 또는 해양 환경에서 자라는 복합 다세포생물이고, 미세조류는 다양한 환경 조건에서 자랄 수 있는 단세포 유기체입니다. 단백질이 풍부한 미세조류는 이른바 '단백질 갭$^{protein gap}$'을 종결시키는 선구자적 자원으로 간주되고 있습니다.

사람이 섭취할 수 있는 미세조류에는 스피룰리나$^{Spirulina spp.}$(시아노박테리아), 클로렐라$^{Chlorella spp.}$ 및 두날리엘라 살리나$^{Dunaliella salina}$ 등이 있습니다. 조류의 단백질 함량은 일상적으로 섭취하는 식품에 비해 매우 높습니다. 건조 중량 100g 기준으로 조류의 단백질 함량은 대두 단백질의 거의 2배, 쌀 단백질의 10배나 됩니다. 조류 단백질은 우수한 단백질 공급원으로서 잠재력이 있으며 단백질 결핍 식이를 보충하는 데에도 이상적입니다.

조류 단백질은 모든 필수아미노산을 가지고 있고, 특히 글루탐산과 아르기닌은 쌀, 콩, 대두 등의 단백질에 비해 2~3배 많습니다. 모든 필수아미노산을 포함하고 있기는 하지만 조류 단백질의 PDCAAS는 약 0.5로 낮은 편입니다. 그러나 일상의 식생활에서는 한 가지 식품만으로 단백질 필요량을 채우는 것이 아니기 때문에 크게 문제될 것은 없습니다.

현재는 주로 미세조류의 EPA/DHA가 주된 관심이고, 건강식품, 화장품, 동물사료로도 판매되고 있습니다. 세계 조류 생산량의 약 30%가 동물사료로 판매되는데, 건조된 탈지 조류는 돼지와 닭 사료에서 대두와 경쟁하고 있고, 곧 3분의 1 가량을 대체할 가능성이 있다고 합니다. 조류는 식품 가공과 제조에 적합한 기능적 특성과 효율성이 있고, 식이섬유소와 건강한 지질, 기타 미량영양소도 함유하고 있어 미래 식품으로도 충분히 관심을 가질 만합니다.

　　다만 생산비를 비롯한 추출 및 정제에 필요한 기술적 어려움이나 관능적 요소, 기호성 등은 앞으로 풀어내야 할 과제일 것입니다. 미국의 솔라자임Solazyme사는 단백질 함량이 65%인 조류 제품 'AlgaVia'를 식품 첨가물로 판매하고 있습니다. 또 EU에서는 주로 스피룰리나와 클로렐라가 사용되고 있습니다. 우리나라에서도 지속가능한 에너지 및 고부가가치 소재로서의 미세조류에 관한 다각적인 연구가 진행되고 있습니다. 식품이라고 말하기에는 아직은 낯선 조류가 과연 우리 미래 식탁의 주연이 될 수 있을지 매우 궁금해집니다.

17강
미래 식탁의 유망주,
식용곤충

몇 해 전에 영화 〈설국열차〉가 큰 흥행을 이뤘습니다. 빙하기를 배경으로 한, 인간 생존기를 다룬 대작이었지요. 기상 이변에서 가까스로 목숨을 건진 생존자들은 열차 안에서 수십 년을 버티며 살아갑니다. 열차 안에서는 실제 사회와 같이 각 칸에 따라 빈부 계급의 차이가 나뉘어지고, 그 생활상 역시 완전히 다르게 펼쳐집니다. 결국 춥고 배고팠던 '꼬리 칸' 거주자들의 계급투쟁이 시작됩니다. 인간 본성과 욕망, 이타심 등 인간의 본질에 대한 고찰을 하게 해 준 영화였습니다.

그중에서도 잊히지 않는 장면이 있다면 바로 꼬리 칸 거주자들에게 제공된 '단백질블록'입니다. 극작가 역시 인간이 살아가는 데 있어 '단백질'이 필수적인 역할을 함을 알았나 봅니다. 꼬리 칸 사람들은 원료를 알 수 없는 단백질블록을 통해 근근이 삶을 연명합니다. 그러던 중 그것이 바퀴벌레로 만들어졌다는 사실을 알게 되자, 사람들은 심한 구토와 함께 엄청난 혼란에 빠지게 됩니다. 과거 신라 원효대사의 '해골물' 설화가 연상되는 장면입니다.

단백질블록과 해골물

당나라 유학길에 오른 원효대사는 한밤중 비바람을 피해 동굴에 머물게 됩니다. 심신이 지친 상태에서 목이 말라 물을 찾게 된 원효대사는 다행히 물 한 사발을 발견하여 달게 마셨습니다. 그런데 다음 날 아침, 자신이 먹었던 물이 해골에 고인 물이었다는 것을 알게 되었지요. 기겁하여 토악질을 할 수밖에 없었습니다. 이 사건을 계기로 원효대사는 '일체유심조(모든 것은 마음에 달려있다)'라는 깨달음을 얻고 당나라 유학길을 포기했다는 이야기입니다.

몰랐으면 몰라도 그것이 어떤 것인지, 어떤 과정을 거쳐 만들어진 것인지를 알고 나면 달게 먹을 수도, 반대로 토악질을 하게 될 수도 있는 것이 바로 음식입니다. 땅에 떨어졌던 것을 쓱 닦아 올린 것이라도 모르고 먹는다면 먹는 데에는 지장이 없습니다. 그런데 뭔가 음식으로서 부적합하다는 '생각'이 들면 그만 입으로 가져갈 수 없게 됩니다. '해골물'이나 바퀴벌레로 만들어졌다는 사실처럼 말이지요. 음식을 선택하는 것은 결국 어떻게 '인식'하는가에 달려 있습니다.

해외에서는 개고기를 먹는 한국인들을 부정적으로 보는 시선도 있습니다만, 앞서 이야기한 것처럼 과거 우리나라에서는 개고기를 먹는 것이 전혀 이상한 것이 아니었습니다. 개고기나 쥐고기, 심지어 원숭이 뇌도 특정 지역에서는 영양을 공급해 주는 음식이 됩니다. 그럼 곤충이나 벌레는 어떨까요? 곤충이라는 말보다 벌레라는 말이 더 충격적으로 들릴 수도 있겠으나, 벌레는 '곤충을 비롯하여 기생충과 같은 하등 동물을 통틀어 이르는 말'입니다. 벌레든 곤충이든 그것을 먹는 것 역시 생각해 보면 그저 다양한 식문화 중 하나일 뿐입니다.

〈설국열차〉에 등장한 바퀴벌레가 우리에게는 극도의 혐오감을 주지만 바퀴벌레에도 여러 종류가 있습니다. 동남아시아의 많은 나라에서 바퀴벌레는 식용으로 이용됩니다. 우리가 하수구나 부엌에서 보게 되는 그것과는 다른 종류이기는 합니다만, 먹을 수 있는 식재료인 것입니다. 단지 현재 우리가 흔하게 먹고 있는 것들이 아니어서 좀 낯설게 느껴지는 것뿐이지, 사실 인류가 곤충을 먹어온 지는 상당히 오래 됩니다. 참고로, 〈설국열차〉의 단백질블록은 미역, 다시마 등으로 만들어진 젤라틴 양갱이었다고 합니다.

인류의 곤충 식용 역사

'곤충을 먹는다'는 것을 뜻하는 용어 'entomophagy'의 등장은 1870년경의 기록에서 찾을 수 있지만, 전문가들은 각종 자료를 토대로 그 역사가 적어도 3천~5천 년 이상 되었다고 추측합니다. 그러나 실제로는 그보다도 훨씬 앞선, 초기 인류의 몇 안 되는 동물성 식품이었을 것입니다. 1세기경의 '로마 귀족이 밀가루와 포도주로 기른 딱정벌레 애벌레를 즐겨 먹었다'는 이야기, 그리고 3천 년 전 중국 서남부 윈난성에서 귀한 손님이 오면 대나무 벌레나 동충하초, 개미알, 말벌유충, 여치 등을 대접했다는 이야기가 전해지기 때문입니다.

성경이나 이슬람 경전에도 메뚜기가 등장합니다. 펄벅Pearl Buck의 명작『대지』에는 거대한 메뚜기 떼가 습격하여 농작물을 모두 빨아들이듯 먹어치우는 장면이 나옵니다. 백 년 전만 해도 메뚜기는 인간에게 피해를 입힐 만큼 큰 무리였던 것 같습니다. 우리나라에서도 농사를 지어온 분들은 벼메뚜기를 잡아 볶거나 튀겨먹던 맛을 아직 기억하고 계십니다. 일본에서는 메뚜기를 튀겨서 간장으로 양념하여 먹는 이나고가 유명합니다.

우리나라에서 곤충을 식용 또는 약용으로 사용한 역사는 2천여 년 전으로 거슬러 올라갑니다만, 그중에서도 조선시대 허준이 집필한『동의보감』충부에 쓰여진 95종의 약용곤충에 대한 기록이 가장 확실한 자료로 꼽힙니다.

현재도 세계 최대 식용곤충 생산국인 태국을 포함한 아시아 국가뿐 아니라 유럽, 미주, 아프리카, 오세아니아 등에서도 곤충을 섭취하고 있습니다. 전 세계 국가의 절반 이상인 110여 개국에서, 특히 중국과 태국, 일본, 남아프리카 공화국, 멕시코에서 식용곤충 섭취량이 많습니다.

중국 북경에서는 주로 관광객들의 특별한 체험을 위한 길거리 음식으로 식용곤충을 팔고 있습니다. 태국에서는 귀뚜라미가 중요한 수입원이자 대중적인 음식이고, 이밖에도 200종류가 넘는 다양한 곤충요리가 존재한다고 합니다.

아프리카 콩고공화국의 경우 국민이 섭취하는 동물성 단백질의 20%가 식용곤충이며, 잠비아의 식량 부족 시기인 11~2월에는 자연에서 구한 애벌레가 국민들이 섭취하는 동물성 단백질의 40%를 차지한다고 합니다. 우리에게는 낯선 식재료인 곤충을 세계 인구 1/4에 해당하는 20억 명이 먹고 있다는 사실이 놀랍기만 합니다.

곤충, 정말 먹어도 될까?

'곤충'은 절지동물문Arthropoda에 속하는 동물로 현존하는 동물 중에서는 가장 많은 종 수와 개체 수를 가집니다. 포유류, 조류가 각각 5천여 종, 2만여 종인데 비하여 곤충은 이름이 알려진 것만 해도 약 80만 종으로 지구에 존재하

식용곤충

는 종의 80%를 넘게 차지합니다. 그리고 실제 곤충의 개체 수는 약 수십 해(海, 10해는 1조의 1억 배)에 이를 것으로 추산합니다. 식용곤충의 종류도 매우 많아 전 세계적으로 인류가 섭취하는 곤충은 1,900여 종이나 됩니다. 이 중 약 450종의 영양성분은 식품 데이터베이스로도 구축이 되어 있습니다.

세계적으로 널리 섭취되고 있는 곤충은 딱정벌레의 애벌레, 나비와 나방의 유충, 메뚜기와 귀뚜라미 종류입니다. 세계 식용곤충산업 통계에 의하면 딱정벌레류^{beetles}와 유충류^{caterpillars}가 각 31%, 18%의 시장점유율(2015년 기준)

을 차지합니다. 우리나라의 경우 전통적으로 섭취해 왔던
벼메뚜기와 누에번데기, 백강잠에 더하여 갈색거저리 유충
(고소애), 흰점박이꽃무지 유충(꽃벵이), 장수풍뎅이 유충
(장수애), 쌍별귀뚜라미를 포함한 총 7종의 식용곤충이 식
품공전에 등록되어 있습니다(2016년 기준). 이 밖에도 풀
무치, 아메리카왕거저리, 수벌번데기의 식용곤충 지정을
위한 연구가 진행되고 있습니다.

식용곤충은 다양한 영양소를 풍부하게 함유한, 고영
양가 식품으로 평가할 수 있습니다. 곤충의 영양성분은 종
간 차이가 크고, 같은 종이라 해도 변태단계나 서식지, 먹이
등에 따라 크게 달라집니다. 그럼에도 단백질 45~70%, 지
방 20~30%, 탄수화물 5~10% 라는 구성비와 다양하게 함
유된 무기질, 비타민 등은 식용곤충의 영양적 우수성을 보
여줍니다. 특히 단백질과 지방의 질이 육류 대비 우수합니
다. 필수아미노산 조성이 우수하고 불포화지방산 함량이
높기 때문입니다.

우리나라 식용곤충 7종 중 하나인 갈색거저리 유충
mealworm의 경우, 불포화지방산 함량(건조 중량의 약 28%)
이 생선과 비슷한 수준이고, 단백질 함량(48~57%)은 생선
또는 고기보다 월등히 많습니다. 나방이나 나비의 애벌레
100g에는 성인 1일 단백질 권장량의 76%에 해당하는 단백
질이 함유되어 있습니다. 또한 곤충의 표피에는 키틴질(동
물 유래 식이섬유소) 함량이 높게 들어 있고, 칼슘, 인, 마그

네슘, 철, 아연, 망간, 셀레늄 등의 무기질과 리보플라빈, 엽산, 판토텐산, 비오틴 등의 비타민이 함유되어 있습니다.

식용곤충의 열량은 건조 중량 100g당 약 500kcal 정도(곤충 78종 분석 연구 결과, 건조 중량 100g당 약 300kcal~760kcal)로, 지방 함량에 따라 차이가 납니다. 일반적으로 성충에 비해 유충이나 번데기의 열량이 높고, 고단백 곤충 종의 에너지는 낮은 편입니다. 곤충 100종을 분석한 연구에 따르면 단백질 함량은 건조 중량의 13~77%이며, 그중 메뚜기, 여치, 귀뚜라미 등이 61%로 높은 편입니다. 소화율은 76~96%로 달걀(95%)이나 소고기(98%) 단백질의 소화율에 비하여 손색이 없습니다. 또한 필수아미노산 함량도 아미노산 총량의 46~96%에 달하고 특히 페닐알라닌, 티로신 함량이 높습니다.

일부 곤충은 곡물 단백질에 부족한 라이신, 트립토판 및 트레오닌이 다량 함유되어 있어 식물성 단백질의 보충효과도 기대할 수 있습니다. 식용곤충은 지방 함량(건조 중량의 10~60%)의 범위는 넓지만 보통 유충이 성충보다 지방 함량이 많습니다. 나비나 나방류의 지방은 100g당 8.6g~15.2g 정도 되지만 단백질 함량이 높은 메뚜기 등은 3.8g~5.3g 정도로 적습니다. 이들의 지방은 필수 지방산인 리놀레산(오메가6지방산)과 리놀렌산(오메가3지방산) 함량이 상대적으로 높은 편입니다.

인식을 바꾸면 음식이 된다

갑각류 껍질과 비슷하게 곤충의 외골격에도 불용성 섬유소인 키틴chitin이 많습니다. 키틴은 '동물섬유'라 부르기도 하는데, 식물성 식이섬유소인 셀룰로오스와 유사한 특징을 갖고 있습니다. 키틴 및 키토산은 콜레스테롤 및 지방 대사를 조절하고 장 기능 개선과 면역력 강화, 노화 억제 등에도 효과가 있어 식품 산업 및 의료용으로도 활용되고 있습니다. 식생활 환경이 열악한 개발도상국에서는 철분, 아연 등의 무기질 결핍 가능성이 높은데, 그 대안으로 식용곤충이 떠오르고 있습니다. 예를 들어 나방의 유충은 철분 함량이 높을 뿐 아니라(건조 중량 100g당 31~77mg), 아연(100g당 14mg)의 좋은 공급원이 됩니다.

여느 식품처럼 곤충의 비타민 함량은 계절에 따라 다릅니다만, 사육종의 경우 사료를 통해 통제할 수 있습니다. 한편 최근 『사이언티픽 리포트Scientific Reports』에 갈색거저리 유충을 자외선 B 방사선UVB에 노출시키면 비타민 D 농도가 60배 높아진다는 연구 결과가 발표되어 주목을 받기도 했습니다. 이상의 사실로 미루어 볼 때, 심리적인 거부감만 없앤다면 음식으로서의 곤충을 더 긍정적으로 평가할 수 있을 것 같기도 합니다.

아시아, 아프리카 지역 외 서구인들에게 곤충을 먹는다는 것은 매우 낯설고 저급한 행동으로 인식되어 왔습니다. 곤충 자체가 징그럽고 세균을 옮기는 위해한 생명체로 간주되기도 했습니다. 그러나 이는 익숙하지 않은 음식에 대한 부정적인 편견일 뿐입니다. 전문가들은 특정 식품에 대한 거부감이 인식의 전환을 통해 극복될 수 있다고 입을 모읍니다. 음식에 대한 친밀감을 쌓는 행위나 개인적인 경험을 통해 긍정적인 인식을 만들어 낼 수 있습니다. 반면 단순히 부정적인 정보만 가지고도 부정적인 반응이 형성되기도 합니다. 일단 '원하는 음식' 범주에 들어가게 되면 식용곤충에 대한 부정적 인식 또한 바뀔 수 있을 것입니다. 일본이 강대국이 되면서 스시에 대한 사람들의 인식이 달라졌고, 랍스터에 대한 인식이 세계화를 통해 바뀌게 된 것처럼 말이지요.

핀란드 식품업체 파제르Fazer는 곤충빵을 출시했습니다. 말린 귀뚜라미 70마리를 갈아서 밀가루, 호밀 등의 재료와 함께 섞어 만든 호밀빵이지요. 외관은 여느 베이커리 진열대에서 흔히 볼 수 있는 유럽식 빵과 다를 바가 없습니다. 제품 개발자는 일반 호밀빵보다 귀뚜라미 빵의 단백질 함량이 높다는 것을 설명하며, 빵처럼 친숙한 형태와 맛으로 자연스럽게 곤충을 먹게 되면 식용곤충에 대한 거부감도 줄어들 것이라는 기대를 내비쳤습니다.

미국 뉴욕에서도 소고기 대신 말린 귀뚜라미를 튀겨 빵 사이에 넣은 귀뚜라미 버거가 의외로 좋은 반응을 얻고 있습니다. 미국 식품기업 첩팜스Chirp Farms와 엑소Exo도 튀긴 귀뚜라미 가루를 주원료로 한 에너지 바를 시판하고 있습니다. 에너지 바 1개에는 귀뚜라미 약 35마리가 들어 있다고 합니다.

　그렇다면 왜 미국이나 유럽 등의 부유한 국가에서 새삼 식용곤충에 대하여 관심을 갖게 된 것일까요? 세계 최저 수준의 출산율을 기록하고 있는 우리나라의 경우 실감이 잘 나지 않을수도 있겠지만, 세계 인구는 계속해서 증가하고 있습니다. 2050년이면 90억 명을 넘길 것이라 예상하는데, 문제는 이 많은 사람들이 어떻게 먹고 살 것인가 하는 것입니다. UN의 FAO는 향후 인류가 잘 먹고 잘 사는 것에 대한 고민을 끝내고, 말 그대로 먹지 못해 살지 못하는 극한의 상황을 맞이하게 될 수도 있다고 우려합니다.

　전문가들은 90억 인구가 생존하기 위해서는 식량 생산량이 지금보다 두 배는 많아져야 한다고 예상합니다. 그런데 현재의 농업, 수산업, 축산업 등의 식량 생산 방식으로는 그만큼을 감당할 수 없다는 것입니다. 식량 부족 현상은 인류의 생존을 위협할 수 있는 심각한 문제입니다. 세계가 아무리 넓다 하지만 서로의 삶이 이처럼 이어져 있는 것을 보면 그렇게 넓은 것도 아닌 것 같습니다.

친환경적 식량의 유망주

　요즘 같은 시대에는 지구촌의 모든 사람들이 이웃입니다. 〈설국열차〉에서 본 것처럼, 배고프고 굶주리게 되면,

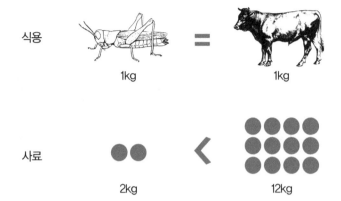

식용　　🦗　＝　🐄

1kg　　　　　1kg

사료　　●●　＜　●●●●
　　　　　　　　●●●●
　　　　　　　　●●●●

2kg　　　　　12kg

육류와 식용곤충의 단위 체중당 필요한 사료의 양

국경의 의미가 더욱 모호해질 것이고, 법과 질서 또한 무의미해질 것입니다. 전문가들은 음식과 식량에 대해 새로운 관점으로 접근할 필요가 있다고 역설합니다. 곤충의 효용성을 식품의 차원에서 바라보는 것도 이와 같은 맥락입니다. 특히 육류를 대체할 단백질 급원식품으로서 말이지요. 세계적으로 육류 소비량이 급증하면서 육류 생산에 필요한 자원 또한 기하급수적으로 늘었습니다. 이것이 지구 환경과 생태계에 미치는 폐해는 더 말할 것도 없습니다.

　육류와 비교하여 식용곤충 사육은 경제적이고 친환경적입니다. 곤충은 사료 효율이 높습니다. 단위 체중으로 전환하는 데 필요한 사료의 양이 육류에 비해 월등히 적다는 것입니다. 고기 1kg을 얻으려면 사료 12kg가 필요하지만 귀뚜라미의 가식부 1kg을 생산하려면 2kg의 사료만 있으면 됩니다. 그것은 어쩌면 곤충이 냉혈동물이기 때문인지도 모르겠습니다. 체온 유지를 위한 별도의 에너지가 필요하지 않으니까요. 우리는 모든 농산물과 식량의 3분의 1이 고기를 먹기 위해 낭비된다는 사실을 알고 있습니다. 곤충은 사료용 곡물 생산을 위한 경작지나 목초지가 필요 없으며, 에너지 소비량과 온실가스 배출량도 상대적으로 적습니다. 또한 사람이나 동물의 배설물을 포함한 유기물 사이드스트림side-streams을 이용해 사육할 수도 있습니다.

눈살을 찌푸리며 바라보았던 곤충이 환경오염을 줄일 수 있는 친환경적 식량의 유망주라고 생각하니 사랑스러운 존재로 보이지 않나요? 지구의 곤충들이 인간의 입맛을 다시게 할 맛있는 요리로 변신할 날을 기대해 봅니다.

식사 혁명 ───────

제7부

흔적을 남기지 않는,
노블 다이어트

18강
식품첨가물,
진화일까 퇴보일까

음식의 가장 기본적인 가치는 영양을 공급하는 것입니다. 그러나 음식의 가치는 여기에서 끝나지 않습니다. 음식은 인간관계에서도 매우 중요한 매개체가 되며, 나아가 종교적 의식에서도 특별한 의미를 갖습니다. 식사를 같이 한다는 것은 문명사회의 표징이자 인간이 짐승과 다르다는 증거이기도 합니다. 사람들은 아끼는 사람들과 한 식탁에 앉아 음식 나누기를 즐깁니다. '함께 나누는' 음식은 사회 공동체, 민족의 정체성을 나타내는 강력한 표상이니까요. 다른 나라로 이주하는 경우에도 의, 식, 주 중에서 끝까지 고수하게 되는 것이 바로 음식입니다. 그렇다고 음식이 불변한다는 의미는 아닙니다. 기본적인 속성은 변하지 않지만 우리 인간이 진화하는 것처럼, 음식도 진화합니다.

가공식품이 발달하다

'가공식품'이라 하면 왠지 거부감이 들지 모르겠으나, 가공식품의 정의는 매우 넓고, 다양한 식품을 포함합니다. 식품 가공이란 물리, 화학, 생물학적 처리를 통해 음식의 품질과 편의성을 높이는 과정입니다. 적확하게 말하자면 '가공'의 단계를 거치지 않은 식품은 거의 없습니다. 벼의 겨를 벗기고 도정하여 쌀로 만드는 것도 가공이고, 소의 젖을 살균하여 우유를 만드는 것도 가공입니다. 그렇지만 일반적으로 가공식품이라고 하면 공장에서 일련의 공정을 거쳐 제품화되어 나온 식품을 떠올리게 됩니다.

자급자족의 시대에는 먹거리를 구하고 다듬어 음식을 준비하는 것이 주 활동이었습니다. 수확량이 늘어나면서 잉여의 음식을 저장하는 방법을 알아내게 되었고, 이어 음식물의 교환도 이루어졌습니다. 시간이 지나면서, 사람들은 가정의 부엌이 아닌 공장에서 만든 음식으로 식사를 할 수 있게 되었습니다. 특히 1,2차 세계대전은 세계적으로 가공식품이 급격히 발달하게 된 계기가 되었습니다.

과학기술이 발전하면서 음식도 장기 저장이 가능하게 되었고, 조리과정이 짧아졌으며, 휴대가 간편해졌습니다. 또 폐기처분이 쉽고, 대량 공급이 가능한 제품들이 속속 개발되었습니다. 한때 참치캔 같은 통조림이나 김, 미역 등의 건조가공식품, 그리고 밀가루, 설탕, 기름 등의 가공식품이 확대 발전하여 이제는 매일 먹는 밥과 김치까지도 가공식품의 형태로 밥상에 오르게 되었습니다.

　가공식품의 대표 격인 통조림은 1809년 프랑스의 니콜라스 아페르^{Nicolas Appert}가 처음 발명하였습니다. 입구가 넓은 유리병에 식품을 넣고 열탕에 담가 충분히 가열한 후, 내용물이 뜨거울 때 코르크 마개로 밀봉하는 것이었습니다. 식품을 가열하여 유해한 미생물을 살균하였기 때문에 식품을 부패 없이 오래 보관할 수 있었습니다. 1810년 무렵 영국의 피터 듀란드^{Peter Durand}는 유리병 대신에 양철용기를 사용하는 방법을 고안했습니다. 양철용기를 뜻하는 틴 캐니스터^{Tin Canister}의 이름을 따 통조림에 사용되는 양철관을 약어로 캔^{can}이라 부르게 되었지요. 병조림, 캔조림의 제조 기술은 미국으로 건너가면서 기계화되었고 이 기술로 2차 세계대전 때 연합군 식량의 2/3를 공급할 수 있었습니다.

　미국의 경우, 1900년대 초중반에 가정용 냉장고가 보급되었고 1928년 최초의 냉동식품이 시판되기 시작하였습니다. 2차 세계대전 이후 베이비붐 세대가 등장하면서 어린이를 대상으로 한 가공식품이 크게 성장하였습니다. 아침 식사용 시리얼과 핑거푸드가 개발되었고, 어른들은 군대에서 익숙해진 인스턴트 커피와 스팸을 즐겨 먹었습니다. 패스트푸드와 냉동식품이 결합된 선 조리 냉동식품 '텔레비전 디너'가 출시되었습니다. 이런 제품들을 이용하면서 사람들은 요리하는 시간을 줄이게 되었고, 비싸지 않은 가격으로 맛있는 식사를 할 수 있게 되었습니다.

식품첨가물의 등장

우리나라의 식품 산업은 1900년대 초까지만 해도 술, 떡, 엿 등을 취급하는 대부분 단순한 수공업 형태였습니다. 근대적인 공업화는 일제강점기인 1920년대 전후에 시작되었으며, 해방 이후 1948년 12월에 체결된 한미경제원조협정은 우리나라의 식품 공업을 태동시켰습니다. 본격적인 식품 산업은 휴전 후 미국과 UN의 원조로 옥수수, 밀 등의 제분 공장이 활성화되면서부터 시작되었습니다. 제당, 양조, 장류 등과 함께 마가린, 쇼트닝 등의 유지가공품과 화학조미료, 수산물 통조림, 우유 가공품 등이 생산되기 시작했습니다.

1970년대까지만 해도 주식인 쌀이 부족했던 터라 정부는 밀가루 분식 장려 정책을 폈고, 이로 인해 제과, 제빵, 제면 산업이 급성장하였습니다. 1970년대에는 통일벼가 개발되면서 쌀 자급이 가능해졌고, 가공식품이 수출되면서 식품 산업이 발전하였습니다. 이후 해외 원료 및 농산물의 수입이 용이해지면서 소비자의 기호에 맞춘 치즈, 마가린, 소시지, 햄, 통조림 등이 본격적으로 생산되었습니다. 또한 한 상 차림을 위한 번거로운 전통식품 대신 편리하고 신속한 인스턴트 가공식품과 패스트푸드가 확산되었습니다. 특히 1986년의 아시안게임과 1988년 개최된 서울올림픽은 관광 산업과 함께 식생활에도 지대한 영향을 미쳤습니다. 국내에서도 제조, 저장, 발효 등의 식품 산업 기술이 발달하였고 가공식품의 품질이 크게 향상되었습니다. 2000년대 이후에는 가공식품이 급성장하였고 대형마트 중심의 유통 체계가 구축되었습니다.

우리나라 『식품공전Korean Food Standards Codex』(식품의 제조 및 검역 관련 사항을 정리해 둔 기준서)에 따르면 가공식품은 "식품원료(농, 임, 축, 수산물 등)에 식품 또는 식품첨가물을 가하거나, 그 원형을 알아볼 수 없을 정도로 변형(분쇄, 절단 등)시키거나, 이와 같이 변형시킨 것을 서로 혼합시키거나, 또는 이 혼합물에 식품 또는 식품첨가물을 사용하여 제조, 가공, 포장한 식품을 말한다"고 정의되어 있습니다. 여기에 과거에는 없었던 새로운 용어 '식품첨가물'이 등장합니다. '식품첨가물'은 "식품의 제조, 가공, 또는 보존함에 있어 식품에 첨가, 혼합, 침윤, 기타의 방법에 의하여 사용되는 물질"을 말합니다. 쉽게 표현하면, 식품에 원래 존재하는 물질은 아니지만, 제품의 보존성과 외관, 향, 질감을 높이기 위해 인위적으로 첨가하는 물질입니다.

우리가 먹는 음식에 식품첨가물이 들어온 것은 언제부터였을까요? 넓은 의미에서 식품의 맛과 기능, 저장성을 높이기 위해 사용했던 물질을 '식품첨가물'이라고 본다면, 그것의 역사는 아주 오래됩니다. 예를 들어, 고대부터 사용하였던 소금(염화나트륨)도 첨가물의 일종입니다. 물론 2008년부터는 소금을 식품첨가물이 아닌 '식품'으로 관리하고 있지만 그 전에는 식품의 안전성을 확보하고 보존하

다양한 향신료 역시 식품첨가물에 포함된다.

기 위해 사용했던 광물질이었습니다. 우리 조상들은 첨가물을 전혀 쓰지 않았다고 생각하지만, 실은 두부를 만들 때 '간수'를 사용한 것도 따지고 보면 첨가물입니다. 식품위생법상으로 보면 간수도 첨가물에 해당됩니다.

첨가물은 그 역할에 따라 보존료, 감미료, 유화제, 향미증진제, 산화방지제, 팽창제, 착색료 등 여러 가지로 분류됩니다. 대부분의 국가에서 첨가물 사용에 대한 엄격한 규정을 가지고 있지만 나라마다 허가된 첨가물의 종류는 다릅니다. 전 세계적으로 사용되는 첨가물의 품목이 2천 개가 넘고, 우리나라에서도 600여 개가 허가되어 있습니다. 어떤 식품이 우리 몸에 안전한가를 검증하려면 긴 세월이 필요합니다. 우리 조상들이 대대로 오랫동안 먹어왔던 식품은 친숙한 만큼 그 안전성에 대해서도 의심의 여지가 없습니다. 그러나 '새로' 들어온 식품첨가물이라는 존재는 안전성이 검증될 만큼 긴 역사를 갖고 있지 않습니다. 게다가 과거 허가되지 않은 물질을 넣은 일부 비양심적인 제조, 유통업자들의 영향으로 식품첨가물은 알게 모르게 불신의 눈초리를 받아온 것 같습니다.

꼭 필요한 첨가물도 있다

건강한 먹거리에 대한 관심이 높아지면서 식품첨가물이라는 단어가 이제는 일반인에게도 낯설지 않게 되었습니다. 그러나 식품첨가물이 무조건 나쁜 것만은 아닙니다. 그것들을 넣어야만 했던 이유가 분명 있었고, 인류에게 공헌한 바도 크기 때문입니다.

미생물의 번식을 억제하는 보존료와 산도조절제를 예로 들어 보지요. 농산물의 경우 연중무휴로 공급되는 것이 아니기에 생산량과 공급되는 양이 한정되어 있습니다. 수산물과 축산물도 영양분이 많은 식품이지만 포획 또는 도축 이후 부패되기 시작합니다. 이들을 보존할 방법이 없었다면 수많은 식량이 버려졌을 것입니다. 그렇게 되면 공급량이 줄어들게 되고 식품의 가격 또한 올라갈 수밖에 없게 됩니다.

또한 부패한 식품을 먹고 식중독이 발생하면 건강뿐 아니라 경제적으로도 손실이 큽니다. 그러나 식품첨가물 덕분에 저렴한 가격으로 음식을 충분히 먹을 수 있게 되었으니, 식량이 부족했던 시절을 기준으로 보면 식품첨가물은 인류에게 도움을 준 고마운 존재입니다.

그렇지만 지금은 사정이 바뀌었으니 다시 한번 잘 생각해 보아야 합니다. 냉동기술, 살균기술, 진공포장 등 식품 제조기술이 괄목할 만큼 발전하여, 굳이 첨가물을 쓰지 않고도 유통기한을 늘릴 수 있게 되었습니다. 식품 제조업자들의 위생에 대한 개념과 지식도 크게 성장하였습니다. 예를 들어, HACCP^Hazard Analysis and Critical Control Points이라는 제도를 통해 완제품이 만들어지기까지의 전 과정을 위생적으로 관리할 수 있게 되었습니다.

제품을 만들 때 꼭 필요한, 한마디로 그것이 없으면 제품이 만들어지지 않는 첨가물이 있습니다. 예를 들어 물과 기름을 섞이게 만들어 주는 유화제(乳化劑)가 있어야 크림이나 케이크를 만들 수 있습니다. 물과 기름을 잘 섞이게 하고 이를 안정적으로 유지해 주는 유화제 덕분에 우리는 이런 맛있는 식품을 먹을 수 있습니다. 유화제는 결코 이상한 물질이 아닙니다. 달걀에 들어 있는 레시틴^lecithin, 기름의 소화산물과 유사한 글리세린 지방산 에스테르^ester가 대표적인 유화제입니다. 또한 빵을 만들 때 쓰는 베이킹파우더와 같은 팽창제가 없다면 우리는 딱딱한 밀가루 덩어리 빵을 먹을 수밖에 없습니다. 면을 쫄깃하게 만들어 주는 변성전분 또한 첨가물인데 이것이 없다면 탄력이 없고 조직감이 떨어지는 국수를 먹을 수밖에 없습니다. 식감의 문제만이 아닙니다. 산도조절제는 산과 알칼리 정도를 조절해 주는 물질입니다. 산도조절제가 없다면 식품 속의 지방이 산패되어 건강에 해로운 물질이 생기기도 하고, 물질의 상태 또한 잘 유지되지 않습니다. 이상한 형태의 덩어리들이 생기기도 하고, 제품에서 물기가 흥건히 나오기도 합니다. 이렇게 제품을 만들 때 꼭 들어가야만 하는, 필수적인 첨가물들도 있습니다.

식품첨가물 중에는 영양강화제라는 것도 있습니다. 영양강화제는 부족한 영양소를 보충하기 위해 인위적으로 첨가하는 것을 말합니다. 가령, 두유는 우유를 대체할 만큼 영양이 풍부한 식물성 식품이지만 칼슘은 우유보다 적게 들어 있습니다. 그래서 요즘 대부분의 두유에는 칼슘이 강화되어 나옵니다. 두유에 칼슘을 더 넣은 것이니 우리나라 법규상 칼슘도 식품첨가물로 분류됩니다.

그러나 EU나 국제기구에서는 영양강화물질을 첨가물에서 제외하고 있습니다. 예를 들어 한 끼 식사대용으로 주로 소비되는 시리얼의 경우, 보통 탄수화물이 많아 영양적으로는 치우침이 있습니다. 그래서 시리얼과 우유만 먹어도 한 끼에 필요한 영양을 골고루 섭취할 수 있도록 여러 가지 영양소를 강화합니다. 나쁜 방법이 아니라고 생각됩니다. 우리나라도 EU처럼 영양강화제를 첨가물 목록에서 제외하면 좋을 것 같습니다.

첨가물의 안전성 문제

반면, 재고가 필요한 첨가물들이 있습니다. 바로 합성착향료, 합성착색료, 보존료, 발색제, 표백제 등입니다. 독특한 향으로 식욕을 자극하는 식품들이 있습니다. 예를 들어 바나나가 들어간 식품이라면 바나나향이, 인삼이 들어간 제품이라면 인삼향이 나야 그 식품이 먹음직스럽고 맛있어 보입니다. 실제로 맛이 있기도 합니다. 그런데 원래 재료에 그런 향이 있었다고 해도, 가공 과정에서 재료가 가진 향이 다 날아가서 완제품이 되었을 때는 향이 남아 있지 않게 되는 경우가 있습니다. 하지만 소비자는 제품에서 그 재료의 향이 나기를 기대합니다. 그래서 '할 수 없이' 그런 향을 내는 첨가물인 합성착향료를 사용합니다. 색소도 마찬가지입니다. 딸기 가공제품이라 하면 딸기 색을 기대하게 되니 합성착색료를 넣습니다. 또한 식품을 그냥 두면 색이 쉽게 변하는 것들이 있습니다. 그러면 보기에 좋지 않겠지요. 이처럼 상품의 가치가 떨어지는 것을 막기 위해 표백제를 쓰기도 합니다.

MSG와 같은 향미증진제는 어떨까요? MSG는 고기와 조개, 버섯, 다시마 등의 감칠맛을 내는 성분입니다. 그러니 이것을 쓰면 더욱 감칠맛이 나는 것이 사실입니다. MSG는 20세기 초반 일본의 기쿠나에 박사가 제조법 특허를 받고, 합성조미료로 판매되기 시작하면서 널리 애용되었습니다. MSG를 사용하면 손쉽게 맛을 낼 수 있지만, 식품 고유의 담담한 맛을 느끼게 하는 우리의 미각을 왜곡시키고, 자연 식품의 장점을 희석시킬 가능성이 있습니다. 한때 식당에서 MSG를 너무 과하게 사용했던 적이 있었습니다. 어느 식당에 들어가서 어떤 반찬을 먹어도 음식의 재료와 종류, 손맛과 무관하게 대체로 비슷한 맛이 나는 경우가 있는데, 그 배후에 향미증진제가 있었던 것입니다. 그렇다고 MSG가 안전하지 않다는 뜻은 아닙니다. 다만 어떤 사람들은 MSG에 편두통이나 알레르기 같은 민감한 반응을 보이기도 하고, 음식을 만들 때 좋은 식재료를 사용하는 대신 MSG로 맛을 속이는 경우가 있으니 주의가 필요하다는 것입니다.

식품첨가물의 문제는, 향과 색과 맛을 내게 하는 이것들이 얼마나 안전한지를 알 수 없다는 것입니다. 일반적으로 첨가물의 안전성은 동물실험을 통해 검증됩니다. 그런데 동물실험이라는 것도 한계가 있기 마련입니다. 어떤 물질을 먹인 후 바로 염증이나 장기손상, 암 같이 큰 변고가 나타나면 금세 가려낼 수 있습니다. 그렇지만, 당장 이상 증세가 나타나지 않았다고 해서 장시간 후에도 문제가 없을 것이라 보장할 수는 없습니다. 아토피나 집중력 장애, 신경

정신적 이상 등은 동물실험으로 쉽게 간파하기 어렵고, 복통이나 호흡곤란처럼 말로 표현하지 않으면 알기 어려운 증상들도 있기 때문입니다.

또한, 첨가물 그 자체에는 독성이 없다고 해도, 식품 속에 들어 있는 다른 물질과 만나면 예상하지 못한 위험물질로 바뀌는 첨가물도 있습니다. 비타민 C 음료수에 첨가되었던 안식향산나트륨이 음료수 속의 금속이온과 만났을 때 발암물질인 벤젠으로 변하게 된 것이 대표적인 예입니다. 여러 음식 속에 들어 있는 첨가물들이 우리 몸 안에서 만나면 어떻게 반응할지, 아직 밝혀내지 못한 영역이 매우 큽니다.

그렇기 때문에 소비자의 지혜로운 선택이 필요합니다. 향이 좀 덜나거나 색이 좋지 않고 감칠맛이 좀 덜해도, 꾸미지 않은 맛에 익숙해지는 편이 현명합니다. 맛은 뇌로 보는 것이라 했습니다. 겉으로 보이는 색이나 향에 관심을 두기보다, 있는 그대로의 맛, 즉 식품 고유의 맛을 즐기는 사람이 진정한 미식가일 것입니다.

무엇보다 소비자들이 식품 표시를 볼 때 이것이 영양소인지, 꼭 필요한 첨가물인지, 혹은 넣지 않아도 될 만한 첨가물인지, 또는 건강을 위해 넣으면 안 되는 첨가물인지 등을 판단할 수 있는 능력을 키우면 좋겠습니다. 식품 표시를 읽는 것이 쉽지는 않겠지만 그럴 때는 유사한 식품을 비교해 보면 도움이 됩니다. 만약 한 제품에는 a, b, c의 3개의 첨가물이 들어갔는데 다른 제품에는 a와 c만 들어갔다면, b는 '꼭 필요한' 첨가물이 아니라는 것입니다. 이런 과정이 번거롭게 느껴질 수도 있습니다. 그러나 아직 안전성이 완전히 입증되지 않은 첨가물들로부터 자신을 지키는 보호책이라고 생각한다면, 감수할 만한 노력이 아닌가 합니다.

첨가물이 과잉행동 문제를 유발한다?

아이들의 식생활 패턴이 정신 건강에도 영향을 준다는 것은 이미 여러 연구에서 확인되었습니다. 특별히 식품 첨가물과 관련해서는, 세 살배기 아이들을 대상으로 한 실험에서 보존료와 인공색소(착색료) 등 24가지의 식품첨가물이 아이들의 성격에 영향을 미치고 과격한 행동을 유발하는 경향이 있다고 보고하였습니다.

위의 연구에서는 색소와 보존료가 들어 있는 음료를 마신 아이들이 집중력이 떨어지는 모습과 침착하지 못한 행동을 보이며, 다른 아이들을 방해하거나 잠드는 데 어려움을 느끼는 경향이 있었습니다. 그간 많은 부모들이 과자나 사탕, 음료 등에 들어 있는 화학물질, 식품첨가물을 경계해야 한다고 했는데, 괜한 우려가 아니었던 것입니다. 실험에서 사용된 첨가물은 인공 착색료 Tartrazine E102, Sunset Yellow E110, Carmoisine E122, Ponceau 4R E124 및 방부제(보존료) Sodium Benzoate E211 이었습니다.

가공식품에 사용되는 다양한 식품첨가물

　보통 과자나 음료수에 들어 있는 설탕인 '당'을 과잉
행동장애의 요인으로 간주해 왔습니다. 그러나 일반적인
생각과는 달리, 설탕 이외의 첨가물 또한 아이들의 행동 문
제를 유발할 수 있음이 밝혀진 것입니다. 복용량과도 관련
이 있어서 첨가물을 많이 섭취할수록 더 큰 영향을 받았습
니다. 이를 근거로 과학자들과 식품위원회 등에서는 아이
들이 일상적으로 섭취하는 음료 등의 기호식품에서 첨가물
을 제거해야 한다고 요구하였습니다.

　식품첨가물은 현재 빵이나 크래커, 곡물과자, 버터,
요구르트, 주스는 물론 다양한 기호식품에 널리 사용되고
있습니다. '건강식'을 먹이고 있다고 자부하던 부모들도 아

이들이 자신도 모르는 사이에 20가지 이상의 첨가물을 섭취할 수도 있다는 사실에 충격을 금치 못했습니다.

식품첨가물 함량이 극히 미량일 것이라는 안이한 생각에 경종을 울리는 연구결과도 있습니다. 과거 일본에서는 한 사람이 1년 동안 섭취하는 식품첨가물의 양이 무려 6~7kg이나 된다는 보고가 있었습니다. 지금은 이전보다 훨씬 더 많은, 다양한 종류의 가공식품들이 생산되고 있고, '집밥'을 먹기보다 가공식품이나 외식을 하는 빈도가 높아졌습니다. 맞벌이 가구와 1인 가구가 늘어나면서 나타난 일상이나 사회 구조의 변화도 가공식품의 소비를 부추기고 있습니다.

"전 세계 인구의 5%는 하나 이상의 식품첨가물에 대해 민감 반응을 보인다"는 기사를 본 적이 있습니다. 이것이 사실인지 아닌지 확인할 수는 없으나, 굳이 먹지 않아도 될 것을 먹을 필요는 없을 것입니다. 건강을 위해서는 '무엇을 먹을까?'보다 '무엇을 먹지 않고 줄일까?'가 우선입니다. 식품첨가물도 줄여야 할 것들 중 하나입니다.

그리고 되도록 덜 먹으려는 노력은 생산자와 소비자가 함께 이뤄나가야 합니다. 식품 제조기술이 첨가물의 효과를 대체할 날이 오도록, 그리고 생산자가 계속 노력하며 발전하도록 격려하는 소비자의 지속적인 관심이 필요합니다. 소비자의 격려란, 가격이 약간 더 비싸더라도 건강한 제품을 선택함으로써 기업이 식품첨가물을 줄이는 노력을 지속하도록 유도하는 것입니다. 현명한 소비자가 많아진다면 첨가물의 힘을 빌리지 않아도 제품의 영양과 맛을 더 끌어 올릴 수 있게 될 것입니다.

19강
지속가능한 세상을 만드는
노블 다이어트

석기시대에 먹었던 물소와 타조고기가 오늘날 미국의 슈퍼마켓에서 팔리고 있습니다. 5천 년 전 중동에서 음용되었던 석류주스가 강력한 항산화 기능을 등에 얹고 건강음료로 대우받고 있습니다. 로마시대 황실의 사치품이었던 송로버섯과 캐비어, 고급 와인 등이 이제 세계 각지의 요리에 사용됩니다. 피자나 햄버거, 핫도그 등의 음식이 전세계인들이 좋아하는 패스트푸드로 자리매김 하였습니다. 특정 지역에서만 수요가 있던 에스닉 푸드ethnic food가 미국식, 한국식 음식으로 탈바꿈되었습니다. 인류의 생활이 변화하는 것처럼 음식 문화 역시 재편되고 있습니다. 또한 세계 곳곳의 맛있는 음식과 요리를 멀리 가지 않고도 맛볼 수 있게 되었습니다.

그러나 이렇게 모든 것이 풍족해진 현대 사회의 어느 곳에서는 수백만 명이 굶어 죽어가고 있습니다. 21세기에 접어들면서 세계 인구가 크게 증가하였고, 이에 따라 식수 및 식량 공급이 점차 큰 문제가 되고 있습니다. 증가하는 인구수에 비해 토지는 한정되어 있기 때문입니다. 식량은 자칫 국가 안보의 문제로 인식되기도 하지만, 인도적인 차원에서도 식량 생산량을 늘리고 영양을 공급하기 위한 노력이 계속되고 있습니다.

기아 극복을 위한 노력

과학자들이 기적의 쌀이라고 부르는 골든 라이스^{golden rice}는 유전자 변형을 통해 수확량을 늘린 것은 물론, 섭취를 통해 베타카로틴과 비타민 A 결핍을 개선할 수 있도록 만들었습니다. 비타민 부족으로 한 해에 백만 명 이상의 아이들이 목숨을 잃고, 2억 3천 만 명이 시력을 잃습니다. 비영리 재단인 록펠러 재단은 유럽과 미국, 아시아의 과학자들이 골든 라이스를 개발할 수 있도록 10년 이상 수백만 달러를 투자하였습니다. 개발된 종자는 아시아의 농부들에게 무상으로 배포되었고, 혜택은 그 쌀을 먹는 소비자들이 받았습니다. 이 외에도 수확량을 대폭 늘릴 수 있는 난쟁이 쌀^{dwarf rice}이나 유전자를 조절한 콩이 개발되어 어느 정도의 영양개선과 기아 극복에 도움을 주기도 하였습니다.

바다에서 생산되는 수산 양식도 농업 양식과 별반 다르지 않습니다. 양식을 통해 어획량이 늘어나면서 세계의 식량 문제를 해결하는 데 큰 기여를 했습니다. 그러나 한편 생태계 파괴를 우려하는 반대론자도 있습니다. 이제는 수산 양식이 식량 생산의 한 형태로 자리 잡았습니다. 2030년이 되면 인간이 먹는 생선의 대부분을 수산 양식이 제공할 것이라 예측합니다.

이러한 집중적 수확방식은 더 저렴한 식품을 생산한다는 장점을 가지고 있지만, 질병이 더 쉽게 퍼질 수 있다는 약점도 가지고 있습니다. 조류독감이 그 적절한 예입니다. 바이러스 H5N1은 수백만 마리의 닭을 비좁은 닭장에 몰아넣고 사육할 때 활기를 얻습니다. 몇 해 전에는 영국에서 동물원성 감염증이 증가했고, 광우병으로 알려진 제이콥-크로이츠펠트Jakob-Creutzfeld라는 치명적인 뇌질환이 발생하였지요. 그 원인이 소에게 양이나 다른 동물의 사체를 먹인 것 때문으로 추정되었습니다. 질병의 정체가 밝혀진 이후 유럽에서는 육류 섭취에 대한 공포심이 커졌고, 계속해서 채소와 생선의 소비가 증가하고 있습니다.

굶어 죽는 사람이 없도록 충분한 양을 생산해 내는 것도 중요하지만 장기적으로 보았을 때는 인류와 생태계에 해를 끼치지 않는 먹거리를 생산하는 것 또한 매우 중요한 과제입니다. 영양학도 그러한 관점과 방향을 따라 발전해 오고 있습니다.

영양학의 연구 발전 역사

영양에 관한 연구는 기원전으로 올라가지만, 영양학이 전문화된 것은 그리 오래 되지 않았습니다. 20세기 초반은 '비타민 발견'의 시대였습니다. 1950년대까지 필수 비타민과 무기질에 대한 이해, 괴혈병, 각기병, 펠라그라, 구루병, 빈혈 등 영양 결핍으로 인한 질병의 예방, 치료에 대한 영양소의 역할 규명 등이 계속해서 이뤄졌습니다.

비타민을 화학적으로 합성하게 되면서 비타민보충제가 식품을 대체하게 되었고, 이와 함께 비타민보충제 산업이 발달하였지요. 또한 식품에 미량영양소를 강화하는 방식, 예를 들어 요오드 강화 소금, 나이아신과 철분 강화 밀

비타민의 주요기능	결핍증상	예방법 및 주의사항
비타민A (세포성장/시력보호/피부점막보호)	야맹증/안구건조증. 모낭각질증 등	유제품, 녹황색채소(당근 · 시금치), 굴 · 버섯 등 섭취
비타민B복합체 (B1 · B2 · B5 · B6 · B7 · B9 · B12) (신진대사촉진/면역력강화)	구내염/지루성피부염/빈혈/ 두통/체중감소 등	조개, 굴 등 섭취/가임기여성 비타민B9(엽산) 필히 섭취(*임신 3개월 전부터 복용해야 효과적)
비타민C (항산화작용/콜라겐생성)	괴혈병/체중감소/빈혈 등	브로콜리, 딸기 등 채소 · 과일 섭취/물 · 열에 약함 (*조리시간 짧게, 재료 잘게 썰지 않기)
비타민D (뼈성장촉진/면역력강화)	구루병/감기 비염 등 어린이-고지혈증, 비만위험↑	등푸른생선, 달걀노른자 등 섭취/ 햇볕 통해 합성 (*하루 15~20분 야외활동)
비타민E (항산화효과/피부수분유지/ 피로해소/심혈관질환 예방)	노화촉진/용혈성 빈혈 (적혈구 세포막 손상으로 인한 빈혈증상)	녹황색채소, 견과류 등 섭취/ 비타민C 함께 섭취 시 노화방지효과↑/빛 · 금속에 약함 (*지나친 가공조리 X, 식재료 밀봉 용기에 보관)
비타민K(K1, K2) (혈액응고작용 · 골격강화)	점막출혈/혈뇨/골질위험↑ (비타민K2 장속세균에 의해 합 성 →장질환자 결핍확률↑)	와파린 비타민K활동 방해 (*와파린 복용 환자 두부, 청국장 등 콩식품 섭취 줄이기)

비타민 결핍 증상과 예방법

가루 등의 식품을 통해 많은 영양 결핍성 질환들이 감소되었습니다. 이후 전 세계적으로 식품에 칼슘, 철, 비타민(A, B, C, D) 등의 영양소가 강화되었습니다.

1950년 이후 20~30년간 부자 나라에서는 경제발전과 함께 영양이 강화된 가공식품이 많아졌습니다. 열량, 영양 불량, 비타민 결핍으로 인한 질환이 빠르게 감소하였습니다. 동시에 식사로 인해 질병이 초래될 수 있다는 사실도 인식하기 시작하였습니다. 특히 식이 지방과 당에 관한 연구가 집중되면서 지방이 심장 질환의 주요 위험요인이고, 지나친 당 섭취가 관상동맥 질환, 고중성지방혈증, 암, 충치 등을 초래할 수 있다는 것을 알게 되었습니다. 그래서 심혈관 질환을 예방하려면 총지방, 포화지방, 콜레스테롤을 줄여야 한다고 권장해 왔던 것이지요.

반면, 가난한 나라의 영양 정책과 주요 목표는 여전히 열량과 미량영양소를 충분히 섭취하는 데 있었습니다. 필수영양소와 열량 공급을 위해 식품을 충분히 먹는 것이 무엇보다 중요했습니다. 영양강화 식품을 활용하여 유아와 어린이의 생존율과 성장률을 높였습니다. 이들에게는 식사의 질보다 양이 더 중요했고, 단백질과 영양소가 강화된 분유와 이유식을 통해 결핍성 질환을 예방하고 치료하고자 하였습니다.

1970년~1990년대는 경제 발전이 가속화되었고, 농업, 식품의 가공과 제조 기술이 현대화되면서 단일 영양소에 의한 결핍성 질환이 전 세계적으로 감소하였습니다. 선진국에서는 관상동맥 질환에 의한 사망률이 감소하기 시작했으나, 식사 관련 만성질환인 비만, 제2형 당뇨병, 암 등은 오히려 증가하였습니다. 영양과학과 정책 가이드라인도 점차 만성질환을 다루는 쪽으로 이행되었습니다. 그리하여 대부분의 가이드라인이 "지방, 포화지방, 콜레스테롤의 과다 섭취를 피하고, 적절한 당질과 식이섬유소를 섭취하며, 당분과 소금의 과다 섭취를 피하라"는 것으로 설정되었습니다. 포화지방을 줄이기 위한 노력으로 식물성기름을 이용한 부분경화유가 개발되기도 했지만, 지금은 트랜스지방 문제로 천덕꾸러기 신세가 되었습니다.

한편 저소득국가에서는 기아와 미량영양소(철분, 비타민 A, 요오드) 결핍을 해소하기 위한 국제 공동체 활동이 활발히 전개되었습니다. 비타민 A를 강화하여 말라리아로 인한 사망률을 줄이게 되었고, 야맹증, 안구건조증 예방에도 큰 성과를 거두었습니다.

현대와 미래 영양학의 연구 동향

21세기 최근의 영양과학은 영양소 자체보다는 식품이나 식사 패턴에 초점을 두고 발전하였습니다. 당뇨병, 심혈관 질환 등 비전염성 질환에 영향을 주는 식이 패턴을 찾기 위해 전향적 코호트cohort 연구, 무작위 임상시험, 생리적

중재 시험, 대단위 코호트 연구, 최근 이뤄진 유전자 컨소시엄 등 영양소, 식품, 식사 패턴, 건강지표 등을 모두 고려한 연구가 수행되었습니다. 이러한 연구는 영양소 결핍을 예방하려는 기존의 프레임을 깨고, 탄수화물의 질(혈당지수, 식이섬유소 가치 인식), 지방산 조성, 단백질 형태, 미량영양소, 피토케미컬 및 식품의 구조와 제조, 가공 방법, 첨가물까지 고려 요인으로 제시하였습니다.

1980년 이래 강조해 왔던 지방 조절의 효과나 달걀, 붉은 살코기, 우유 등의 건강적인 장점이 사실로 드러나지 않았습니다. 오히려 체중을 줄이고 혈당을 조절하기 위해서는 저지방 식사보다 건강한 지방이 풍부한 식사가 더 좋고, 전분과 설탕이 많은 음식이 해롭다는 것이 밝혀졌습니다. 연구결과를 바탕으로 전통적인 지중해식 또는 채식(전분, 설탕, 소금, 첨가물은 줄이고, 과일, 채소, 견과류, 통곡과 잡곡, 식물성기름 및 덜 가공된 식품 섭취) 중심의 식사 패턴이 강조되고 있습니다.

한편, 저소득 국가에서는 이중부담double burden이 나타나고 있습니다. 전통적으로 모자 건강의 위험요인이었던 저영양 또는 영양실조는 물론, 최근 급격히 늘고 있는 비만, 제2형 당뇨병, 심혈관 질환, 암 등을 초래하는 현대판 영양불량을 모두 해결해야 하는 상황이 된 것입니다.

국제 영양 공동체는 아직도 식사의 질보다는 칼로리 공급을 중요하게 생각하고 있습니다. 또한 한편으로는 만

성질환 예방을 위해 비만과 영양과잉에 초점을 맞춰 접근을 하고 있습니다. 이 같은 관점에서 미래의 영양과학은 인류에게 최적의 영양을 공급하기 위해 프리바이오틱스prebiotics와 프로바이오틱스probiotics, 발효식품, 플라보노이드 등 다양한 생리 활성물질 효능에 대한 연구를 계속하리라 전망합니다. 또한 개인 맞춤형 영양 중재를 위해 개인의 유전적 소인이나 생활습관, 사회 문화적, 미생물학적 요인 등을 파악하고, 체중 조절에서도 칼로리 계산보다는 식품의 질과 구성에 집중할 것으로 예상됩니다.

서구의 선진국에서는 이미 1960년대에 비만이 문제로 제기되었습니다. 다이어트를 위해 처음에는 지방을 줄였고, 지금은 탄수화물 섭취 권장량을 줄이는 추세입니다. 비만이나 당뇨병, 고혈압, 심혈관 질환 등의 원인을 특정한 음식에서 찾고자 했습니다. 무조건 설탕이나 소금, 지방의 탓으로 돌리기도 했고, 심지어 백미와 밀가루를 '독'으로 몰아세우기도 하였지요. 천연, 자연 식품은 좋고 가공, 정제, 첨가물과 같은 단어가 들어간 음식은 무조건 나쁜 음식으로 매도되기도 했습니다.

그러나 '인스턴트 음식과 패스트푸드는 곧 정크푸드'라는 인식은 잘못된 것입니다. 질이 낮은 원료를 사용했거나, 위생적이지 못했거나, 또는 맛에만 치우쳐 과다한 당과 염, 지방을 사용했던 것이 문제였지, 인스턴트나 패스트푸드라고 해서 곧 나쁜 음식이라 단정할 수는 없습니다. 무엇을 얼마나 어떻게 먹는지에 따라 득이 되기도 하고 해가 되기도 하기 때문에 절대적으로 좋은 음식, 나쁜 음식이 있을 수는 없습니다. 음식에 대한 오해와 편견을 깨고 맛의 본질을 이해하면, 문제가 되는 것은 음식이라기보다는 오히려 '식습관'이라는 사실을 알 수 있을 것입니다.

품격 있는 식습관, 노블 다이어트

미래에는 하루가 다르게 점점 더 발달하고 있는 과학에 바탕을 둔 식생활을 기대할 수 있습니다. 태아의 유전자 지도에 따라 세포 구조를 손상시키는 음식을 사전에 피하는 등 새로운 방법을 통해 더 오래, 건강하게 살 수 있을 것입니다. 알레르기와 같은 과민반응이나 건강문제를 해결하도록 유전자를 조작할지도 모릅니다. 노약자나 환자, 운동선수 등을 위한 특수용도의 식품 개발도 속도를 낼 것입니다.

무병장수를 꿈꾸며 건강에 좋은 음식을 구하고자 하는 인간의 욕구는 변하지 않을 것입니다. 따라서 새로운 기술 역시 이러한 인간의 욕구를 만족시키기 위한 방향으로 계속 발전할 것입니다. 음식의 가공 및 제공 방식은 더욱 편리해질 것이고, 미래의 식품 산업은 편의성과 안전성, 그리고 기능성의 방향으로 재편될 것입니다. 외식과 간편식, 기능성 식품, 다양한 포장재의 수요 역시 상승할 것으로 전망됩니다.

건강에 도움이 되는 견과류와 종실류

　　현재는 블루베리나 라즈베리 등의 베리류, 토마토, 채소, 두류와 견과류, 올리브유 등의 식물성 식품이 건강을 유지하게 하는 '슈퍼 푸드'로 처방되고 있지만, 이 영예가 영원히 계속될지는 알 수 없습니다. 과학의 발전이 우리 생활에 상상하지 못한 변화를 가져왔듯이, 우리의 식탁도 지속적으로 변화할 것이고 이미 그 변화는 시작되었습니다.

　　과학기술은 음식의 보관 방법뿐 아니라 음식 자체도

변화시켰습니다. 부패를 방지하기 위해 방사선을 쏘인 식품이 소개되었고, 유전자변형 식품이 개발되었습니다. 음식 재료뿐 아니라, 식품포장에도 혁신이 일어나 진공포장이 캔 대신 사용되고 있습니다. 전자레인지가 나타나자 다양한 냉동식품과 피자, 팝콘 등이 개발되어 버튼만 누르면 조리가 완료됩니다. 전자레인지 하나면 세끼 식사를 하는 데 전혀 문제가 없게 되었습니다. 실리콘으로 만든 제과기구가 보급되면서 팬에 기름을 두르고 밀가루를 바르는 일이 과거의 유물이 되고 있습니다. 홀과 주방을 연결하는 컴퓨터 시스템이 레스토랑에 도입되기도 했지요. 인터넷을 통해 주문과 결제를 하면 차에서 요리가 되어 배달됩니다. 가정 내의 3D 프린터로 나만의 요리를 만끽할 날도 멀지 않은 것 같습니다.

음식은 이렇게 마치 살아 있는 생물처럼 보존되기도 하고 개발되기도 하며, 보전되기도 하고 진화하기도 합니다. 이 과정에서 일부 새로운 식물이 탄생하기도 하지만 해마다 수백 종의 식물은 멸종되어 가고 있습니다. 과학자들은 이런 현상을 생태학적 재앙으로 여깁니다. 지구상의 생물을 살리자는 취지로, 생물학적 다양성과 높은 품질, 환경 친화적인 식량 생산을 유도하며 '슬로 푸드' 운동을 전개하고도 있습니다. 지구환경을 최대한 보호하자는 취지로 가까운 지역의 식품을 이용하자는 '로컬 푸드'를 장려하기도 합니다. 식품의 생산부터 유통, 소비에 이르기까지 소요되는 에너지를 줄이기 위해 '탄소 발자국'을 따지는 것도 같은 맥락입니다.

그럼에도 한편으로는 유전자변형 식품의 생산은 계속될 것이고, 이에 대한 찬반 역시 꾸준히 이어질 것입니다. 유기농과 친환경적 농법에 대한 논쟁도 계속되겠지요. 식량의 재배와 수확, 가공과 포장, 운송 등 제반 문제에 대한 찬반 논쟁이 계속되는 중에도 인류는 여전히 음식을 먹고, 음식에서 영양을 얻어 삶을 살아갈 것입니다.

과거로 거슬러 올라가면 우리는 뼈를 부수고 골수를 뽑아낸 최초의 인류와 만납니다. 수렵과 채집 시절을 거쳐 동물을 키우고, 채소를 재배하고, 곡식을 거두고, 과일을 짜고, 빵을 굽고, 밥을 지어먹은 인간이 지금은 냉동피자를 먹고 초콜릿과 아이스크림을 즐깁니다. 우리는 호모 사피엔스이자, 생명을 유지시켜 주는 음식을 먹고 사랑하는 사람들과 음식과 이야기를 나누는 '요리 인류', 호모 컬리나리우스*Homo culinarius*입니다.

지혜로운 인류는 그들이 어떤 음식을 어떻게 먹든, 살다 간 흔적을 남기지 않고 자연에게 받은 그대로 되돌려 줍니다. 자연을 공짜로 선물 받아 살아왔으니 우리도 이를 후대에 온전히 물려줄 의무가 있음을 잊지 않아야 합니다. 자연에 군림하기보다 더불어 살 줄 아는 지혜로운 인류, 호모 사피엔스의 품격 있는 식습관이 곧 '노블 다이어트'입니다.

에필로그

누구나 좋아하는 음식이 있습니다. 좋아하는 음식의 기본은 맛에 달려 있지요. 아무리 몸에 좋다고 해도, 또 건강한 음식이라 해도 입맛에 맞지 않으면 좋아하지 않습니다. 입맛은 매우 개별적인 속성을 갖습니다. 우리는 혀로 맛보는 것이 아닙니다. 눈으로, 코로, 귀로 맛보고 촉감으로 느낍니다. 마음과 생각, 상황을 통합하여 판단합니다. 뇌가 하는 일입니다. 맛은 학습하는 것이고, 환경과 문화의 영향을 받습니다.

인류는 맛있는 육식을 즐겨 왔지만 이제 육식은 인류에게 무거운 부담이 되고 있습니다. 가축을 희생해 무분별한 육식을 즐긴 인간은 결국 비대해졌을 뿐만 아니라 많은 질병에도 취약해졌습니다. 인간의 수명이 길어졌다고 행복할 수만은 없는 이유입니다. 고기를 먹기 위해서는 고기의 원재료인 동물에게 사료를 주어야 합니다. 가축 사료의 대부분은 곡물입니다. 곡물을 주고 고기로 바꾸는 것입니다. 당연히 효용성이 떨어지고 큰 손실이 생길 수밖에 없는 구조입니다. 식량 확보가 작금의 중요한 문제로 대두되고 있는 만큼 이러한 손실의 문제를 간과할 수 없습니다.

이제 우리들은 경제적으로 윤택한 나라에 살고 있습니다. 많은 사람들이 고기를 먹는 데 큰 부담이 없지요. 별달리 주의하지 않으면 포식하는 쪽으로 가게 마련입니다. 버리는 음식도 많습니다. 그러나 한편 많은 식량을 수입에 의존하고 있습니다. 세계 인구는 22세기 초에 최고에 달할 것으로 예상되고 있습니다. 1804년 10억 명 정도였던 세계 인구가 1960년에 3배로 증가되어 30억 명, 현재 76억 명이 되었습니다. 2050년이 되면 96억 명, 2100년에는 110억 명이 될 것으로 예측합니다. 인구 증가와 식량의 문제는 피해갈 수 없는 길입니다. 역사를 돌이켜 본다면 지금 누리는 식탁의 풍성함은 머지않아 사라질 수도 있습니다. 무자비하게 동물을 사육하고 과식하는 것에 대해 그저 양심의 가책을 느낀다고 해결될 일이 아닙니다. 지금까지 우리가 먹고 마시며 사는 방법으로는 대처할 수 없을 것입니다.

물과 더불어 식품은 생존에 필수적입니다. 농경을 포함하여 식품을 구하기 위한 인간의 활동은 토지와 물, 에너지 등 자연자원을 필요로 합니다. 먹고 살려면 많은 양의 온실가스를 배출해야 하고 이것은 기후에 영향을 미칩니다. 극지방을 제외하면 쓸모 있게 만든 땅 중 식량 생산에 쓰이는 것이 50%를 차지합니다. 이 중 1/3이 경작지이고, 30%는 숲, 그리고 나머지는 건조한 지역입니다. 그런데 숲이 주요한 인프라 산업, 농업과 자연 자원 등 여러 가지 이유로 줄어들고 있습니다. 해마다 1,000만 헥타르가 사용되고 있습니다. 고기를 먹기 위해 사료 생산을 위한 토지 사용이 늘었습니다. 옥수수가 대표적인 예입니다. 미국에서만 해도 8,000만 헥타르가 옥수수 경작에 사용되고 있습니다.

2050년의 96억의 인구를 먹이려면 식량 생산은 현재보다 70% 증가되어야 합니다. 고기 소비량은 80% 증가될 것으로 예측하고 있습니다. 서구의 부자나라들이 빈곤한 타 지역의 식품 선택에 영향을 미치고 있습니다. 고기를 대량으로 먹는 나라와 먹지 않는 나라, 그리고 같은 나라에서도 고기를 많이 먹는 사람들과 그렇지 못한 사람들 간의 불평등이 발생합니다. 이보다 더한 극단적인 사례는 굶주려 죽어 가는 사람과 고기를 포식하는 사람들이 한 시대에 살고 있다는 것입니다.

지구촌 이웃의 2/3는 주로 식물성 기반의 식생활을, 1/3은 고기 중심의 식생활을 하고 있습니다. 21세기에 들면서 동물성 식품과 정제된 지방, 당, 가공식품 섭취량이 많은 서양식 식단이 비난을 받기 시작했습니다. 비만, 당뇨병, 심혈관 질환, 유방암, 전립선암, 대장암 등의 질환과 관련이 있기 때문입니다. 한편 세계 10억 명의 사람들은 여전히 영양부족상태에 있습니다. 아직도 세계적으로 어린이 사망원인의 1/3이 영양실조라는 것이 믿기지 않습니다. 단일 원인으로는 가장 큰 것입니다.

중국, 대만을 비롯하여 우리나라의 경우에도 전통적

인 채식 기반의 식생활이 육식 중심의 서양식으로 변화되고 있습니다. 동시에 서양형의 생활습관 질환도 증가되었습니다. 지난 20년간의 역학연구 등에서 육식을 피하면 이러한 질환을 없애거나 줄이는 데 크게 도움이 된다고 밝혔습니다. 이를 계기로 실제 현재 서양의 식단은 채식 중심으로 방향을 틀고 있습니다. 채식이 충분한 단백질과 영양을 공급하지 못한다는 오해와 잘못된 인식은 많이 사라진 것 같습니다. 꼭 비건이 아니더라도 베지테리안이나 플렉시테리안, 페스카테리안, 그리고 대표적인 식물성 중심의 식단인 지중해식단이 건강을 유지하는 데 아무 문제가 없으니까요. 이들 식단은 모두 필수아미노산을 충분히 제공하고 영양적으로 부족함이 없습니다. 오히려 이러한 방법이 비만과 당뇨병, 암, 관상동맥 질환에 의한 사망률을 감소시키는 것으로 알려져 있습니다. 실제로 먹을 것이 풍부한 오늘날에는 채식 중심의 식생활이 최석의 선강을 유지할 수 있는 비결입니다.

　요즘에는 식사의 주된 관심 중 하나가 '건강'입니다. 이 '건강' 덕분에 나트륨 섭취량이 줄고 있고 설탕의 소비량도 달라지고 있습니다. 비만이나 심장 질환, 당뇨병이 두려워 소금을 줄이고 기름을 줄이고 당을 덜 먹으려고 합니다. 한때는 더 자극적이며 강력한 맛을 원했다면 요즘에는 점차 식재료 '고유의 맛'이라며 약한 맛을 선호하는 경향이 나타나고 있습니다.

작은 행동이 이후의 행동을 저절로 유도하는 것을 '행동점화^{behavioral priming}' 효과라 하지요. 특정한 행동이 그 다음의 행동을 특정한 방향으로 이끈다는 뜻입니다. 행동은 마음에만 영향을 주는 것이 아니고 그 다음 행동에 직접적으로 영향을 준다는 것입니다. 사고와 행동은 행동하는 방향대로 이동합니다.

'백 번째 원숭이 효과'라는 것이 있습니다. 어떤 행위를 하는 개체의 수가 일정 수준에 이르러야 그 행동이 급속히 확산되는 현상을 가리켜 동물학자 라이얼 왓슨^{Lyall Watson}이 한 말입니다. 1950년대 일본학자들의 연구에 따르면 고지마현에 사는 원숭이들이 고구마를 씻어먹기까지 50~60년이 걸렸다고 합니다. 이모^{Imo}원숭이를 따라 고구마를 씻는 행동을 지속적으로 실행했기에 그것이 확산될 수 있었다는 것입니다. 학습을 하면 금방 바뀔 것 같지만 습관이 쉽게 바뀌지는 않습니다. 미래의 우리 후손이 어떤 음식을 먹고 어떤 맛을 좋아할지 또한 어떤 식문화와 생활을 만들어 갈지는 전적으로 지금 우리에게 달려있습니다.

인간은 어떤 존재일까요? 서양 철학에서 제시하는 가장 설득력 있는 답은 '인간은 이성적인 존재'라는 것입니다. 이것은 곧 인간이 다른 동물과 어떻게 다른지를 말해 줍니다. 현생 인류는 진화 과정에서 뇌를 키우고, 고도의 지적인 능력을 보유하게 되었습니다. 지적인 능력은 유전자에서 비롯됩니다. 인간의 유전자는 이기적이지만 한편 집단을 위한 희생도 불사합니다. 인간은 생각하고 선택할 수 있는 능력이 있고, 인간의 본성에는 이타성이 내재되어 있습니다. 인간의 본질이 이성이고, 선한 본성을 따른다면 우리는 어떻게 살아야 할까요? 우리가 무엇을 먹고 어떻게 살 것인지는 어느 누구도 대신해 줄 수 없습니다. 그것은 온전히 우리 각자의 몫입니다. 지식이 지혜로 발전하여 세상을 바꾸는 작은 행동으로 빛을 발하기를 기대해 봅니다.

참고 문헌

도서

- 남기선 외, 『똑똑한 장바구니』, 미호, 2013.
- 농촌진흥청 국립농업과학원, 『2011 표준 식품성분표, 제8개정판』, 교문사, 2011.
- 뉴턴프레스, 『근육과 운동의 과학』, 아이뉴턴, 2018.
- 디 언그로브 실버톤, 『인체생리학』, 고영규 외 옮김, 라이프사이언스, 2017.
- 린다 사비텔로, 『음식 문화 이야기』, 최정희 · 이영미 · 김소영 옮김, 도서출판 린, 2017.
- 마르타 자라스카, 『고기를 끊지 못하는 사람들』, 박아린 옮김, 메디치미디어, 2018.
- 마이클 폴란, 『잡식동물의 딜레마』, 조윤정 옮김, 다른세상, 2008.
- 메러디스 세일즈 휴스, 『채식 대 육식』, 김효정 옮김, 다른, 2017.
- 보건복지부 · 한국영양학회, 『2015 한국인 영양소 섭취기준』, 한국영양학회, 2016.
- 송경희 외, 『식사요법』, 파워북, 2016.
- 스티븐 핑커, 『우리 본성의 선한 천사』, 김명남 옮김, 사이언스북스, 2014.
- 리처드 랭엄, 『요리 본능』, 조현욱 옮김, 사이언스북스, 2011.
- 엘리자베스 콜버트, 『여섯 번째 대멸종』, 이혜리 옮김, 처음북스, 2014.
- 여익현, 『두부콩 밥상』, 미호, 2011.
- 요시다 슈지, 『식의 문화 제1권—인류의 식문화』, 동아시아식생활학회 연구회 옮김, 광문각, 2015.
- 유발 하라리, 『사피엔스』, 조현욱 옮김, 김영사, 2015.
- 이상희 · 윤신영, 『인류의 기원』, 사이언스북스, 2015.
- 일본 뉴턴프레스, 『10만종의 단백질』, 아이뉴턴, 2017.
- 일본 뉴턴프레스, 『감각—놀라운 메커니즘』, 강금희 · 이세영 옮김, 아이뉴턴, 2015.

- 임경숙 외, 『임상영양학』, 교문사, 2015.
- 재레드 다이아몬드, 『총, 균, 쇠』, 김진준 옮김, 문학사상, 2013.
- 제레미 리프킨, 『육식의 종말』, 신현승 옮김, 시공사, 2002.
- 존 로빈스, 『육식의 불편한 진실』, 이무열 · 손혜숙 옮김, 아름드리미디어, 2014.
- 지인배 외, 『AI 방역체계 개선방안 연구』, 한국농촌경제연구원, 2017.
- 지인배 외, 『2014-2015 구제역 발생원인 분석 및 방역체계 개선 방안 연구』, 한국농촌경제연구원, 2016.
- 질병관리본부, 『2016 국민건강통계—국민건강영양조사 제7기 1차년도 (2016)』, 보건복지부, 2017.
- 찰스 스펜스, 『왜 맛있을까』, 윤신영 옮김, 어크로스, 2018).
- 최혜미 외, 『21세기 영양학, 5판』, 교문사, 2016.
- 카를로 페트리니, 『슬로푸드』, 김종덕 · 이경남 옮김, 나무심는사람, 2003.
- 케이티 키퍼, 『육식의 딜레마』, 강경이 옮김, 루아크, 2017.
- 티머스 패키릿, 『육식 제국』, 이지훈 옮김, 애플북스, 2016.
- 하상도 · 김태민, 『진짜 식품 이야기』, 좋은 땅, 2018.
- 한국농촌경제연구원, 『2016년도 식품수급표』, 2017.
- 해럴드 맥기, 『음식과 요리』, 이희건 옮김, 이데아, 2017.
- 홍윤철, 『질병의 탄생』, 사이, 2014.
- DK 음식 원리 편집 위원회, 『음식 원리』, 변용란 옮김, 사이언스북스, 2018.
- Mason, P. and Lang, T., 『Sustainable Diets』, Routledge, 2017.
- Nadathur, S. R., Wanasundara, J. P. D., and Scanlin, L., 『Sustainable Protein Sources』, Academic Press, 2016.
- Schaffner, J. E., 『An Introduction to Animals and the Law』, Palgrave Macmillan, 2011.
- Sherwood, L., 『Human Physiology』, Cengage Learning, 2015.

학술지, 정기 간행물 및 학위 논문

- 곽충실·박준희·조지현, 〈미생물분석법을 이용하여 한국인이 즐겨 섭취하는 일부 해조류 및 어패류와 그 가공식품의 비타민 B12 함량 분석〉, 한국영양학회지, 45권 1호, 2012.
- 곽충실·황진용·와다나베후미오·박상철, 〈한국의 장류, 김치 및 식용 해조류를 중심으로 하는 일부 상용 식품의 비타민 B12 함량 분석 연구〉, 한국영양학회지, 41권 1호, 2008.
- 권오석, 〈한국의 식약용곤충: 역사 및 현황〉, 2009년도 한국곤충학회 춘계 학술발표대회 초록집, 2009.
- 김민아, 〈식용곤충시장과 소비자보호방안 연구〉, 한국소비자원 정책연구, 제17-02호, 2017.
- 김수희, 〈식용곤충산업의 현황과 전망〉, 세계농업, 제207호, 2017.
- 김현지, 〈공장식 축산에서 동물복지로〉, 의료와사회, 제7호, 2017.
- 배철현, 〈신석기 혁명을 이끈 호모 나투피안스(Homo Natufians)〉, 월간중앙, 2017년 1월호.
- 송정은, 〈축산업의 환경적 영향과 한국 환경법의 대응—밀집형가축사육시설을 중심으로〉, 환경법연구, 39권 1호, 2017.
- 신윤아·김일영, 〈운동훈련과 단백질 섭취에 따른 골격근 단백질 대사: 안정성 동위원소 추적체법을 이용한 연구결과를 중심으로〉, 운동과학, 26권 2호, 2017.
- 오정우, 〈웨이트 트레이닝 시 단백질 보충제 섭취 수준이 근력·신체조성·혈액성분에 미치는 영향〉, 서울대학교 체육교육과 석사논문, 2005.
- 조진현·김상호·이종웅·이석모, 〈양계산업 당면 현안문제 해결방안〉, 월간양계, 49권 8호, 2017.
- 조창연, 〈인간에게 선택 받은 동물 "가축"〉, 사료, 2010년 7·8월호.
- 천시내, 〈다단식 산란계 사육시설에서의 산란계의 행동, 생산성 및 계란품질에 대한 연구〉, 경상대학교 동물자원학과 석사논문, 2015.
- 한국농촌경제연구원, 〈동물복지형 축산의 동향과 정책 과제〉, 2010년 10월.
- 한국농촌경제연구원, 〈EU 동물복지 법·제도 현황〉, 주간농업농촌동향, 34권, 2017.

- 한국소비자원, 〈곡물류 안전실태조사〉, 2016년 12월.
- 함태성, 〈농장동물 위해 관리의 법적 쟁점과 과제—살충제 계란 사태와 조류독감 · 구제역 사태를 중심으로〉, 환경법연구, 40권 1호, 2018.
- Applegate, E. A., and GRivetti, L. E., Search for the competitive edge: A history of dietary fads and supplement, The Journal of Nutrition 127, 1997.
- Akhtar, A. Z., Greger, M., Ferdowsian, H., and Frank, E., Health professionals' roles in animal agriculture, climate change, and human health, American Journal of Preventive Medicine 36(2), 2009.
- Arnold, L E., Lofthouse, N., and Hurt, E., Artificial food colors and attention-deficit/hyperactivity symptoms: Conclusions to dye for, Neurotherapeutics 9, 2012.
- Bernstein, A. D., Sun, Q., Hu, F. B., Stampfer, M. J., Manson, JA., E., and Willett, W. C., Major dietary protein sources and risk of coronary heart disease in women, Circulation 122, 2010.
- Botigué, L. R., Song, S., Scheu, A., Gopalan, S., Pendleton, A. L., Oetjens, M., et al., Ancient European dog genomes reveal continuity since the Early Neolithic, Nature Communications 8, 2017.
- Burkert, N. T., Muckenhuber, J., Großschädl, F., Ra´sky, E´., and Freidl, W., Nutrition and health—The association between eating behavior and various Health parameters: A matched sample study, PLOS ONE 9(2), 2014.
- Compassion in World Farming, Strategic Plan 2013-2017: For Kinder, Fairer Farming Worldwide, 2013.
- Compassion in World Farming, Nutritional Benefits of Higher Welfare Animal Products, 2012.
- Delimaris, I., Adverse effects associated with protein intake above the recommended dietary allowance for adult, ISRN Nutrition, 2013.
- European Union, EU Animal Welfare Strategy: 2012-2015, 2012.
- Food and Agriculture Organization of the United Nations (FAO), Edible Insects: Future Prospects for Food and Feed Security, 2013.
- Food And Agriculture Organization of the United Nations (FAO),

Livestock's Long Shadow: Environmental Issues and Options, 2006.

- Etemadi, A., Sinha, R., Ward, M. H., Graubard, B. I., Inoue-Choi, M., and Abnet, C. C., Mortality from different causes associated with meat, heme iron, nitrates, and nitrites in the NIH-AARP Diet and Health Study: Population based cohort study, BMJ 357, 2017.

- Henchion, M., Hayes, M., Mullen, A., M., Fenelon, M., and Tiwari, B., Future protein supply and demand: strategies and factors influencing a sustainable equilibrium, Foods 6(53), 2017.

- Hinton, P. S., Ortinau, L. C. Dirkes, R. K., Shaw, E., L., Richard, M. W., Zidon, T. Z., et al., Soy protein improves tibial whole-bone and tissue-level biomechanical properties in ovariectomized and ovary-intact, low-fit female rats, Bone Reports 8, 2018.

- Hoffman, J. R., and Falvo, M. J., Protein-which is best?, Journal of Sports Science and Medicine 3, 2004.

- Kouřimská, L. and Adámková, A., Nutritional and sensory quality of edible insects, NFS Journal 4, 2016.

- Mica, R., Wallace, S. C., and Mazaffarian, D., Red and processed meat consumption and risk of incident coronary heart disease, stroke, and diabetes mellitus: A systematic review and meta-analysis, Circulation, 121(21), 2010.

- Mozaffarian, D., Rosenberg, I., and Uauy, R., History of modern nutrition science—implications for current research, dietary guidelines, and food policy, BM, 361, 2018.

- O'neil, A., Quirk, S. E., Housden, S., Brennan, S. L., Williams, L. J., Pasco, J. A., et al., Relationship between diet and mental health in children and adolescents: A systematic review, American Journal of Public Health 104(10), 2014.

- Pimentel, D., Berger, B., Filiberto, D., Newton, M., Wolfe, B., Karabinakis, E., et. al., Water resources: Crop, livestock and environmental issues, BioScience 54(10), 2004.

- Tharrey, M, Mariotti, F., Mashchak, A., Barbillon, P., Delattre, M., andk

Fraser, G. E., Patterns of plant and animal protein intake are strongly associated with cardiovascular mortality: The Adventist Health Study-2 cohort, International Journal of Epidemiology 47(5), 2018.

- World Cancer Research Fund/American Institute for Cancer Research. Continuous Update Project Expert Report 2018: Recommendations and Public Health and Policy Implications, 2018.

- Zeder, M. A., The domestication of animals, Journal of Anthropological Research 68(2), 2012.

기타 (홈페이지/뉴스/보도/기사 등)

공장대신 농장을, http://stopfactoryfarming.kr/about

국민영양통계, www.khidi.or.kr/nutristat

농협축산정보센터, https://livestock.nonghyup.com/main/main.do

동물보호관리시스템, http://animal.go.kr/portal_rnl/index.jsp

동물복지 목초란, http://pulmuone-animal-welfare.kr/pc/mokcholan.jsp

반려동물, www.nias.go.kr/companion/index.do

(사)동물권행동 카라, https://www.ekara.org/

식품 및 식품첨가물공전, www.foodsafetykorea.go.kr/foodcode/01_01.jsp

식품안전나라, www.foodsafetykorea.go.kr/main.do

축산유통종합정보센터, www.ekapepia.com/index.do

AlgaVia, http://algavia.com

Environmental Working Group, https://www.ewg.org/

Impossible Foods, https://impossiblefoods.com/

Marlow Foods, www.quorn.co.uk/company

Meat Free Monday, www.meatfreemondays.com/

New Wave Foods, www.newwavefoods.com

Oxfam International, https://www.oxfam.org/

Shrink That Footprint, http://shrinkthatfootprint.com/

Soylent, https://soylent.com

U.S. Department of Agriculture, https://www.usda.gov/

Water Foodprint Network, https://waterfootprint.org/en/

EBS 다큐프라임 〈가축〉, EBS TV, 2017년

"구제역 살처분 충격으로 자살 축협 직원, 법원 업무상 재해 인정", 헤럴드 경제, 2013.11.14.

"국민 1인당 육류 소비량 OECD(2014) 평균보다 적어", 농림축산식품부, 2016.04.15.

"김포 돼지농장서 구제역 A형 확진…국내 첫 사례", YTN사이언스, 2018.03.27.

"다이어트에 성공하고 싶다면 단백질에 주목하라", 박용우 박사의 건강다이어트, 2010.12.08.

"다이어트의 효자, '단백질'로 저탄수-고단백 다이어트를!", ABL인터넷보험, 2016.01.06.

"단백질 보충제 먹고 몸짱 꿈? 과잉 섭취 땐 소화불량, 신장 망가져", 중앙일보, 2017.05.31.

" '닭고기 사랑' 한국인, 1년에 몇 마리 먹을까?", 경향비즈, 2018.07.17.

"대체육류, 실리콘밸리 강타", 사이언스타임즈, 2018.05.03.

"동물복지인증 계란 인식도 조사", 농수축산신문, 2018.05.14.

"동물자유연대, 풀무원식품과 식용란 '케이지 프리' 협약", 파이낸셜뉴스, 2018.08.22

"미국저탄고지의 원조, 〈앳킨스 다이어트〉", 저탄수화물 고지방 다이어트 101, 2018.05.21.

"산란계 살충제 살포 악순환… '동물복지형 사육'으로 바꿔야", 서울신문, 2017.08.22.

" "살충제 계란, 건강 위해 없다"…정부 발표에도 불안감 '여전'", 연합뉴스, 2017.08.21.

"슈퍼 곡물 전성시대", 조선닷컴, 2015.10.19.

"식용 곤충에 대한 어느 미생물학자의 생각", 연세춘추, 2014.09.20.

"유행 다이어트 응용하는 센스~", 한국경제, 2007.03.13.

"유행하는 다이어트 바로 알기", 삼성서울병원, 2015.08.05.

"'인조 고기' 시대가 온다", 사이언스타임즈, 2018.07.16.

"착한 소비 늘어난다…'동물복지' 관심 쏟는 식품업계", 뉴시스, 2018.09.02.

"채식 시작한지 한달만에 탈모, 피부는 '꺼칠'", 헬스조선, 2011.1.27.

"채식의 장점과 단점에는 뭐가 있을까?", 채식주의자들의 이야기, 2017.02.24.

"채식 vs 육식…공존은 불가능할까요", 연합뉴스, 2017.8.15.

"클린미트에 누자하는 빌게이츠, 리처드브랜슨", 슈퍼리치, 2017.09.04.

"펠리오 다이어트란, '건강한 고기, 생선, 채소' 구석기 식단!", 중앙일보, 2015.01.11.

"폐기달걀을 그린에너지로! 네덜란드 살충제 달걀 파동 분석", 코트라 해외시장뉴스, 2017.09.01.

"'풀무원 동물복지 목초란', '2018 올해의 녹색상품'에 선정", 아시아경제, 2018.09.03.

"The 7 best types of protein powder", Healthline, 2016.08.29.

"All-in-one history of protein shakes", Physical Culture Study, 2018.04.30.

"Denmark calls for tax on red meat because cattle flatulence is causing climate change and people are 'ethically obliged' to change their eating habits", MaliOnline, 2016.04.28.

"DNA evidence is rewriting domestication origin stories", Science News, 2017.07.06.

"Estonian farmers face flatulence tax on cattle", Sputnik International, 2008.08.25.

"History of meat alternatives", Soyinfo Center, 2014.12.17.

"Meat substitutes market size worth $5.81 billion by 2022", Grand View Research, 2018, 07.

"Our problem, not our grandchildren's", The Wireless, 2014.08.21.

식사 혁명

더 나은 밥상, 세상을 바꾸다

초판 1쇄 인쇄 2019년 3월 25일
초판 5쇄 발행 2023년 10월 16일

지은이 남기선
펴낸곳 (주)엠아이디미디어
펴낸이 최종현
기획 김동출
편집 최종현
교정 김한나
디자인 이창욱

주소 서울특별시 마포구 신촌로 162 , 1202호
전화 (02) 704-3448 **팩스** (02) 6351-3448
이메일 mid@bookmid.com **홈페이지** www.bookmid.com
등록 제2011 - 000250호

ISBN 979-11-87601-96-8 (03400)